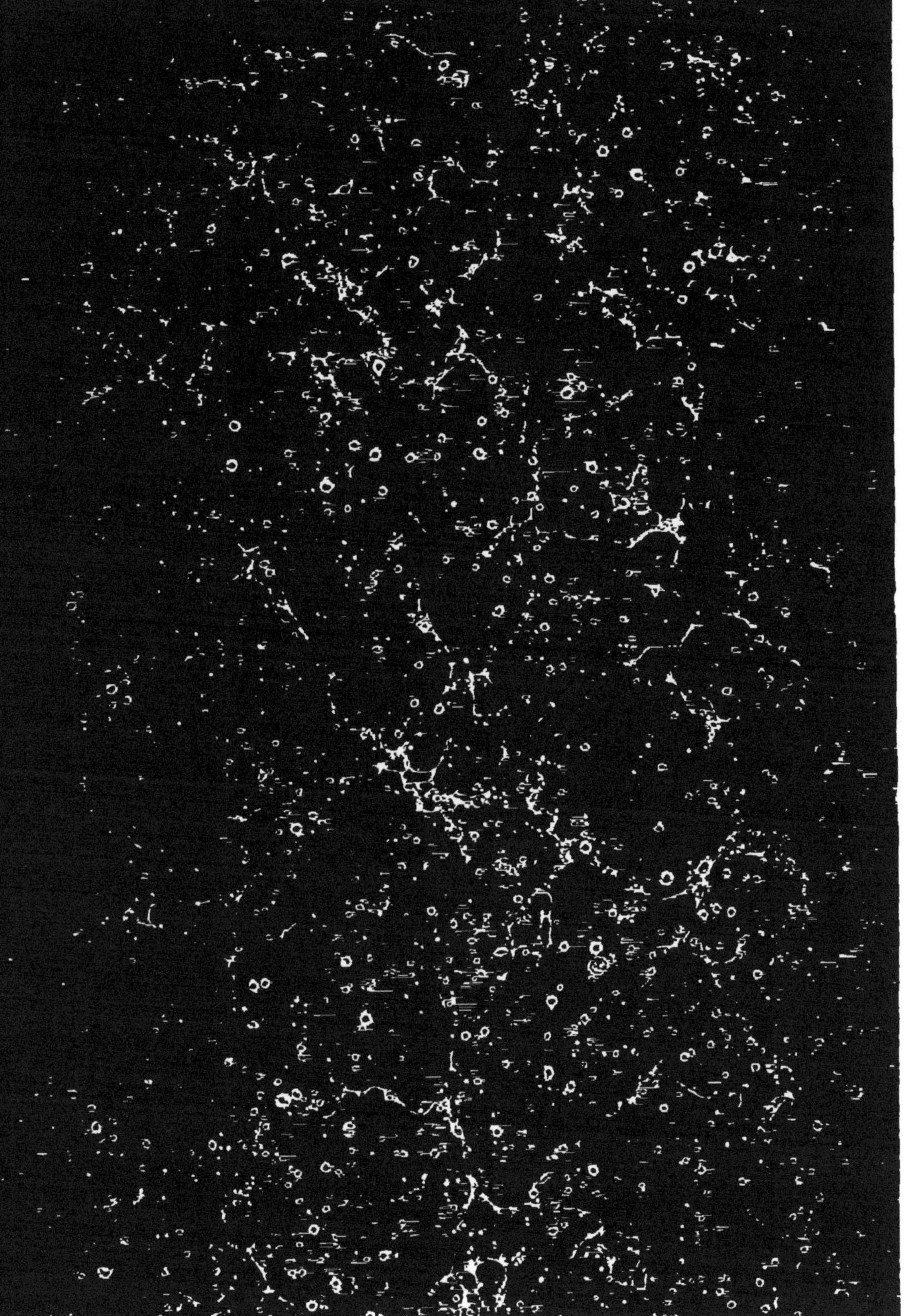

TIRÉ A

250 Exemplaires.

—

Exemplaire N°

UN
TOUR DANS L'INDE

PAR

Emile SAROT

PREMIÈRE PARTIE : LA TRAVERSÉE

PARIS
LIBRAIRIE FURNE
JOUVET ET Cie ÉDITEURS
5, RUE PALATINE.
1884

COURT AVANT-PROPOS

(Résumant, en un adage célèbre, franco-britannique — étendu, il est vrai, de la sorte, un peu au-delà de sa signification historique primitive — tout ce que l'auteur pourrait longuement dire ici : pour faire croire à sa modestie littéraire et scientifique — en fait, non seulement bien motivée, mais encore bien réelle — et, aussi, pour faire accepter — sauf par les intolérants systématiques, ou fêlés, dont il n'y a jamais à se préoccuper en pareil cas — toutes les

hardiesses apparentes — religieuses, politiques, ou autres—qui seraient, à son insu, parvenues à se glisser dans le cours d'un récit dépourvu de toute espèce de prétention de ce genre, et n'en ayant d'autre que de faire clairement — mais, au besoin, crûment—connaître ce qu'il a, de ses propres yeux, vu, au cours du voyage qui va suivre) :

HONNI SOIT QUI MAL Y PENSE!

UN TOUR DANS L'INDE

—

PREMIÈRE PARTIE.

CHAPITRE PREMIER

LES PRÉLIMINAIRES DU DÉPART DE FRANCE

Je suis né voyageur. Non pas, sans doute, voyageur perpétuel, sillonnant constamment la machine ronde de notre pauvre globe, et ne me reposant, un instant, que pour reprendre immédiatement un nouvel élan. Mais, au moins, voyageur périodique, consacrant à ce laborieux exercice plusieurs mois de chaque année, jurant, après chaque escapade, de ne jamais recommencer pareille corvée, et cependant la réitérant toujours à peu près vers la même échéance, quand ma fatigue dernière est déjà loin, et que j'ai complètement perdu de vue ce serment si légèrement prêté.

Que voulez-vous, je n'y puis rien! chacun a sa marotte en ce monde, et, si les uns, sans y être en rien forcés d'ailleurs, aiment à se figer immuablement sur le lieu de leur résidence habituelle, en blâmant même sévèrement ceux qui s'avisent de vouloir un seul instant la quitter; il en est d'autres — et je suis du nombre, — qui, plaignant, de leur côté, ces culs-de-jatte volontaires, sentent, de temps en temps du moins, repousser leurs ailes voyageuses, et n'ont, alors, rien de plus pressé que d'aller, au loin, constater les différences telles quelles qui séparent ce qu'ils laissent de ce qu'ils vont ainsi trouver.

C'est grâce à cette dernière disposition d'esprit — qui, du reste, me paraît toujours conciliable avec un patriotisme bien entendu — que j'ai dû de parcourir, et par suite de connaître autrement que dans les livres, une notable portion de cette volumineuse orange que l'on appelle la terre.

Et, d'abord, la plus grande partie de l'Europe y a passé. C'est-à-dire, en outre de la France — par laquelle il était naturel de commencer — l'Angleterre, l'Ecosse, la Belgique, la Hollande, le Danemark, la Suède, la Russie, l'Allemagne du nord et du sud, la Suisse, l'Italie, et l'Espagne, puis la Grèce et la Turquie d'Europe. Le tout, bien entendu, seulement quant aux principaux sites.

Ensuite, c'est l'Afrique qui a été entamée par le Maroc, l'Algérie et l'Egypte. Après quoi, la Terre-Sainte, y comprise la Syrie du Liban, méritait bien ma visite de voyageur ubiquiste ; et elle ne manqua pas de finir par l'avoir.

Sur tout cela, et à même tant de curiosités diverses étalées sous mes yeux dans un tel parcours—qui, en total, me prit plus de dix ans, — j'avais, naturellement, fait de nombreuses observations, et pris des notes sans nombre. Mais, en définitive, de tels itinéraires ayant été maintes fois décrits, je crus à propos de m'abstenir de toute publication imprimée de ces premières pérégrinations. Et encore actuellement, je suis loin de regretter un semblable silence, que je continuerai de garder à cet égard, dans l'intérêt même des lecteurs, et pour leur épargner un nouvel encombrement de banalités descriptives.

Je me réservais pour une meilleure occasion, où, cette fois, je pourrais leur apporter quelque chose de neuf et d'inédit jusqu'alors. Et, cette occasion, je savais depuis longtemps sous quelle forme j'aurais à la réaliser.

Depuis longtemps, en effet, voir l'Inde — c'est-à-dire tant la péninsule hindoustanique que l'île de Ceylan, qui en forme le prolongement méridional — était l'objet chéri de mes rêves, et le but final auquel devaient tendre tous mes efforts de touriste acharné.

Car n'était-ce pas là, comme dans leur source et leur réservoir naturels, que je devais trouver réalisées les merveilles les plus imposantes et les surprises les plus étranges, en fait de mœurs comme de langage, de science comme d'art? et ne devais-je pas, enfin, rencontrer là maintes réponses, vainement cherchées ailleurs, à une foule de questions ethnologiques, religieuses, architecturales, et autres, dont mon esprit curieux était jusqu'alors demeuré tourmenté, et, à ce moyen, couronner dignement toutes mes pérégrinations antérieures ?

C'est ce que me promettaient toutes les descriptions *ad hoc* de mes devanciers dans ces lointaines régions ; et c'est ce que je tenais fortement à vérifier pour mon propre compte, avec perspective de communiquer ensuite, moi aussi, au public liseur, ce que j'aurais ainsi constaté de véritablement nouveau.

Et, ce récit futur de mes impressions personnelles, je me proposais de lui faire éviter un double écueil, contre lequel ont buté, sinon échoué, la plupart des ouvrages écrits jusqu'à présent sur ce merveilleux pays, berceau des races européennes, et que celles-ci ont encore aujourd'hui tant d'intérêt à bien connaître :

Effectivement, beaucoup de livres ont été déjà composés à son sujet, non seulement en Angleterre, mais encore en France.

Ce dernier pays, c'est-à-dire le nôtre, est, toutefois, bien moins riche à cet égard, sans doute grâce à son moindre intérêt à s'occuper d'un semblable sujet. Mais, de plus, les travaux qui l'y traitent se scindent profondément en deux catégories distinctes : ou bien il s'agit de traités *ex professo* — philologiques, ethnologiques, religieux, ou autres — rédigés, la plupart du temps, par des érudits n'étant jamais allés sur les lieux ; c'est-à-dire de compositions à la fois sèches, techniques, et, en outre, purement théoriques. Ou bien il est question de simples récits de voyages, émanés d'auteurs ayant réellement visité partie du moins du pays qu'ils décrivent, mais dépourvus de toute valeur scientifique, et n'en présentant pas d'autre que celle d'une vue superficielle, ou, en tout cas, d'une narration simplement épisodique.

Tel est, du moins en général, le dilemme littéraire auquel on se trouve nécessairement soumis, chez nous, en semblable matière.

Maintenant, une étude nouvelle sur le même

sujet ne pouvait-elle pas y échapper, et former une sorte de terme moyen entre ces deux extrêmes, en contenant à la fois leurs éléments respectifs, entre eux combinés, et en présentant, de la sorte, un mélange intime de sérieux et aussi de pittoresque — même d'humouristique, à l'occasion — de nature à satisfaire, sinon les exclusifs, au moins la masse, en définitive bien plus importante, des amateurs éclairés de récits excursionistes suffisamment raisonnés pour devenir en même temps instructifs et amusants, au moins dans une assez large mesure ?

L'affirmative à cet égard ne me semblait pas douteuse ; et telle était la couleur nuancée que, pour mon compte, je me promettais bien de donner à ma narration ultérieure : destinée de la sorte à combler, dans la limite de mes modestes facultés descriptives, ce que je considérais comme une lacune en semblable matière.

Et cette nuance complexe sera, effectivement, celle du présent travail.

Mais avant de l'entreprendre, il fallait préalablement, bien entendu, aller à place, y puiser les renseignements *de visu,* nécessaires à sa consciencieuse exécution, comme à la satisfaction personnelle de ma propre curiosité d'excursioniste impatient d'étudier pour lui-même, la contrée si intéressante dont il s'agissait ainsi.

Or, à cet égard-là, que de difficultés, en apparence insurmontables, ne manquaient pas de se dresser devant moi ?

Comment, d'abord, rester, pour l'accomplir, six mois au moins absent de mon domicile ; où me rappélaient bien plus vite tant de nécessités impérieuses ?

Ensuite, où trouver, avec des ressources personnellement restreintes, la somme énorme que devait, forcément, nécessiter une semblable excursion ?

Puis, comment se risquer à braver tous les obstacles physiques, de climats comme d'installation matérielle, dans un pays à moi totalement inconnu et, selon toute probabilité, entièrement différent de ceux par moi jusque-là parcourus, que cette excursion devait nécessairement présenter ?

Et cela, sans parler des préliminaires scientifiques plus ou moins considérables que, pour être faite avec fruit, elle allait naturellement exiger !

Heureusement que de pareilles barrières, si hautes qu'elles puissent paraître à un raisonneur ordinaire, n'ont, en général, jamais la puissance de décourager un voyageur de vocation ; et que, d'ailleurs, en l'espèce, elles se trouvèrent, par le fait, à mesure que je m'en rapprochais pour les examiner, bien moins élevées que je ne l'avais cru d'abord.

La principale, en définitive, sinon la seule sérieuse, était la seconde. C'est-à-dire la difficulté pécuniaire.

Or elle s'atténua singulièrement, on le comprend, quand, d'une part, je me fus assuré du peu d'élévation des dépenses de la vie dans l'Inde, et que, d'autre part, le plus lourd article de mon passif de voyage futur — à savoir mes frais de transport à place, aller et retour — se trouva pour ainsi dire supprimé, grâce à la possibilité, ou plutôt à la quasi certitude, pour moi, qui en fus également renseigné, d'obtenir, du ministère de la marine, sur la recommandation de celui de l'instruction publique — où j'étais déjà connu par la publication de quelques travaux historiques — ma réception gratuite, ou quasi gratuite, sur un navire de l'Etat se rendant en Cochinchine, mais faisant escale dans un des ports du pays que je désirais ainsi visiter.

A ce moyen, et en ayant, d'ailleurs, eu soin d'aplanir de mon mieux tous les autres obstacles, je me déterminai, au cours de l'été 1882, à exécuter enfin, en obtenant préalablement le susdit transport officiel, ce projet de voyage ainsi par moi si longtemps caressé.

Je choisis, à cet effet, l'automne, comme l'époque la plus favorable, en pareil cas, pour un européen : à raison de la diminution de chaleur solaire qu'elle présente sur la précédente, où celle-là devait être — et est en effet — intolérable en de telles contrées, et de la saison relativement tempérée qu'elle y amène avec elle.

Or, précisément, un des transports de l'Etat — le..... — devait quitter Toulon, à destination de Saïgon, avec relâche dans l'île de Ceylan, le 21 septembre de ladite année.

C'était là tout ce qu'il me fallait, comme époque de départ. Aussi, résolus-je de profiter, si faire se pouvait, d'une occasion aussi favorable de gagner le champ de mes explorations projetées.

Avant tout, je dus, pour cela, me rendre à Paris, et, à peine débarqué dans la capitale, m'occuper, entre autres préparatifs, de m'y procurer le permis d'embarquement qui en constituait, désormais, le principal.

Quelques démarches de pure forme m'en mirent bientôt en possession.

Faire, alors, promptement quelques emplettes de vêtements légers, adaptés au climat brûlant que j'allais prochainement affronter ; serrer précipitamment la main à une demi-douzaine d'amis intimes, en leur annonçant, à leur grand effroi, sinon à leur grand scandale, que j'allais me rendre chez les Indous ; enfin me jeter dans un wagon du train de Toulon, où je devais trouver le..... prêt à appareiller : ce fut là l'affaire d'une journée à peine.

Il fallait, du reste, désormais se hâter. Car, trois jours après, le navire susdit devait lever l'ancre, sans attendre, naturellement, les passagers en retard.

Mais avec les chemins de fer, les distances sont promptement franchies ; et, vingt-quatre heures après mon départ de Paris, j'arrivais, à travers la pittoresque campagne qui l'avoisine du côté de l'ouest, dans la ville que le nom du grand Puget, un de ses enfants, et surtout son arsenal maritime de premier ordre, ont rendue si fameuse.

Déjà pendant le trajet pour y parvenir à partir de Marseille, j'avais eu l'occasion de faire connaissance avec plusieurs de mes compagnons de voyage maritime. C'étaient, tous, des officiers d'infanterie de marine, appartenant au corps de troupes de cette arme qui allait être embarqué sur le navire prémentionné en même temps qu'une foule d'autres passagers de toute sorte dont j'aurai l'occasion de reparler tout à l'heure.

De compagnie, nous nous rendons, une fois sortis du train, à un des principaux hôtels de la ville, sis sur la place Puget, à peu près au centre de celle-là, et où devaient déjà se trouver campés un grand nombre d'autres locataires futurs du.....

Mais, là, grand embarras !

Sans doute, ce caravansérail toulonais est bien placé, au milieu même de la cité, et pas loin, non plus, du lieu de mon prochain embarquement sur le quai du port plus loin décrit, situé à cinq minutes de marche, au sud-est, en suivant la première rue qui se présente soit à droite soit à gauche. Sans doute, aussi, les maîtres de la maison se montrent fort aimables. Mais à quoi peut servir tout cela contre le manque absolu d'espace !

Car il y a, là, encombrement complet, depuis le rez-de-chaussée jusqu'au faîte. C'est le rendez-vous, à terre, du navire qui va partir le surlendemain. Passagers futurs, civils ou militaires, fournisseurs, officiers du bord eux-mêmes, tout le monde y afflue depuis plusieurs jours et s'y est installé comme il a pu ; si bien qu'il y a pléthore dans cet abri commercial, qui, maintenant, ne peut suffire à sa destination cosmopolite.

A coup sûr, cela n'est pas ici l'état normal, et cela n'y va pas durer ! Mais cela ne cessera qu'avec notre départ de France. Et, en attendant, comment faire pour loger là, où l'on serait en toute autre condition bien mieux qu'ailleurs, et pour éviter d'aller — sans être, du reste, sûr de l'y rencontrer non plus — chercher un gîte dans les autres hôtels de la ville : tous plus ou moins éloignés du point de notre prochain embarquement ?

Enfin, tout finit par s'arranger, à force de bonne volonté réciproque, et moyennant qu'au lieu de coucher dans l'hôtel lui-même, je consente à le faire dans une maison voisine, sauf à prendre néanmoins mes repas dans le premier. Mode de transaction dont, au reste, j'avais dû souvent déjà me contenter dans mes pérégrinations antérieures.

Mais, le nid trouvé, il ne faut pas m'y reposer longtemps. Car, si j'ai encore devant moi un jour franc avant mon embarquement, ce n'est pas trop, assurément, pour me faire délivrer la feuille de route à ce indispensable, en passant pour cela à travers toutes les filières administratives dont notre ingénieuse paperasserie française est là, comme en bien d'autres occurrences, parvenue à hérisser la formalité la plus simple.

Sous ce rapport-là, comme sous quelques autres, bien que beaucoup d'entre nous se décrètent d'eux-mêmes le peuple le plus perfectionné de la terre, nous pourrions avantageusement faire quelques emprunts à des voisins moins célèbres et surtout moins vantards. Les Etats-Unis, par exemple, dont je reviens en ce moment, seraient avec fruit consultés, par nos gouvernants, comme un modèle de simplicité non moins que de promptitude officielle. Là, les rouages sont débarrassés de toute inutile complication. Ils se réduisent au strict nécessaire; et, comme, d'un autre côté, personne, pas même les ministres du pouvoir central, ne s'avise de poser, ni de faire faire arbitrairement le pied de grue au public des réclamants et aussi des employés subalternes, les affaires s'y expédient fort vite, et avec le moins de frais possible d'argent ou d'amour-propre pour celui-ci. Qu'il en soit tout autrement chez nous, quel que soit le titre du régime gouvernemental en vigueur, qu'il s'appelle république ou royauté, c'est ce qu'hélas! chacun peut tous les jours constater, dans la plupart du moins de nos administrations; et, assurément, c'est là quelque chose que nous ferions bien de laisser, une fois pour toutes, dans les souvenirs du passé.

Enfin, malgré tous ces délais plus ou moins artificiels du système français — atténués du reste, ici, je m'empresse de le reconnaître, par l'amabilité personnelle des fonctionnaires spéciaux auxquels j'ai eu à m'adresser — je reçois à temps mon passeport maritime; et, grâce à lui, je me trouve maintenant en droit de monter sur le..... et de me voir ainsi transporter à *Colombo*, la capitale officielle de l'ile de Ceylan, sise à l'ouest de celle-ci, et où il doit faire escale.

Jadis, paraît-il, c'était à *Pointe de Galles*, au sud de la même île, que l'on s'arrêtait. Mais c'était en maugréant contre l'insuffisance de son port, éloigné d'ailleurs du centre administratif, susdit, de la contrée. On a fini par y renoncer récemment, eu égard surtout à l'accroissement considérable, à l'aide de travaux d'art que nous verrons nous-même dans peu, du hâvre de celui-ci. Et ce qui arrive désormais pour les transports militaires dans leurs voyages bimensuels à Saïgon, se produit également, à présent, pour les navires de la compagnie commerciale des Messageries Maritimes françaises, dans leurs trajets bi-hebdomadaires à Shanghaï, et *vice versâ;* relativement auxquels elle n'a pas hésité non plus à opérer, tout dernièrement, semblable déplacement.

Il ne me reste donc plus, maintenant, qu'à monter à bord.

Je veux, toutefois, auparavant—pour satisfaire ma conscience de touriste complet — donner un coup d'œil à cette ville dont le nom est si connu et d'où je vais bientôt partir pour n'y revenir peut-être jamais.

Cela ne me prend guère de temps. Car je ne tarde pas à m'apercevoir que là, sauf le port militaire, qui d'ailleurs ressemble à tous les établissements du même genre, il n'y a rien qui soit digne d'attirer et surtout de retenir l'attention. Tout, sauf quelques constructions nouvelles, et du reste absolument banales, aux abords de l'ancienne ville, est non seulement vieux et sale, mais de plus absolument dépourvu du moindre cachet architectural. Il y a bien les fameuses cariatides de Puget, à la porte extérieure de l'hôtel-de-ville. Mais cela ne constitue pas un monument! D'édifices dignes de ce nom, il n'y en a pas un ; et les maisons privées ne viennent pas, à cet égard, indemniser le visiteur, de la pauvreté radicale des constructions publiques.

Et puis, quelle odeur abominable vient, à côté de la vue qui souffre tant, affecter désagréablement l'odorat! A coup sûr la compagnie Richer possède là une de ses principales succursales! et c'est seulement en se bouchant le nez que l'on peut s'aventurer dans ces rues étroites et fangeuses, qui, pour la plupart, mériteraient bien plutôt le nom d'égouts que celui de voies publiques de communication urbaine. L'explication de ce phénomène olfactif n'est pas, du reste, difficile à trouver : Sous un certain rapport tout spécial et purement matériel, c'est là une ville sans aucun débouché. C'est-à-dire que l'invention, si industrieuse et si secourable, des exutoires privés, n'y a guère pénétré ; et que la plupart des habitations, même de celles où il y a tout autre confortable, sont restées dépourvues de ce complément hygiénique, de première nécessité cependant. De telle sorte qu'il a bien fallu en rejeter au dehors — sans d'ailleurs avoir ici à se soumettre aux exigences purificatrices d'un Poubelle local, qui y eussent pourtant si bien trouvé leur raison d'être — ce que l'on ne pouvait raisonnablement garder, au dedans, par devers soi. De telle sorte aussi, que c'est devenu, dans cette localité par trop faisandée, une spéculation de premier ordre, comme de première urgence, d'y construire de place en place, à l'usage des raffinés, un de ces petits temples à crypte mystérieuse où ils vont régulièrement déposer une offrande parfumée, que leur susceptibilité trop grande les empêche d'afficher de suite au-devant de leurs logis individuels.

Pouah ! faisons vite nos paquets, et laissons là, de suite, ce cloaque, dont les habitants doivent aller loin, et y rester longtemps, pour parvenir à se désinfecter. Et dirigeons-nous, à présent, promptement vers le port de la *Vieille Darse*, où je dois prendre la barque qui me conduira finalement sur le....., que sa grandeur retient, non au rivage, mais fort loin de lui et même de l'enceinte extérieure du port susdit, et dont la coque blanchâtre s'entrevoit dans le lointain de la nappe maritime.

Au surplus l'endroit lui-même n'est pas désagréable, sinon à sentir, au moins à voir. Le quai rectiligne qui clôt le port en question au nord-est, est, en effet, assez pittoresque, par les boutiques *ad usum peregrinantium* qui le bordent du côté opposé à la mer, et aussi par la foule bigarrée qui, toute la journée, couvre et anime sa longue surface. D'un autre côté, le bassin qui le remplit est chargé de tant de barques, et autres nefs de toute sorte, que la vue en est également des plus récréatives; surtout quand on sent le vaste mouvement aquatique qu'elles produisent en tous sens se prolonger à chaque instant jusqu'à terre, et en quelque sorte y descendre, grâce à l'élévation constante de l'eau subjacente, venant perpétuellement affleurer presque la crête du mur destiné à la contenir : au point de faire paraître celui-ci toujours menacé de se trouver, au premier moment, complètement submergé par elle.

D'ailleurs, ici, parmi la cohue du rivage, se trouvent un grand nombre de mes futurs compagnons de voyage. Je connais déjà les uns, pour les avoir rencontrés en chemin de fer ou à l'hôtel, et je fais bien vite connaissance avec d'autres que je n'avais pas encore vus. Une sorte de familiarité amicale semble même s'établir alors, de suite, entre nous.

C'est qu'en effet, nous allons bientôt habiter, tous, la même maison, et affronter ensemble les divers périls, ou au moins les divers incidents, de la route. Nous nous sentons donc, à ce moment-là, solidaires; et, comme les différences et surtout les incompatibilités de caractère ou d'opinion n'ont pas encore eu le temps de se produire entre nous, la sympathie y est provisoirement complète, sauf à s'atténuer, souvent — et même, quelquefois, à se métamorphoser en un sentiment tout contraire — plus tard, au cours de notre longue excursion commune.

Les uns comme les autres nous avons hâte de nous embarquer, pour nous installer le plus avantageusement possible à bord. Aussi ne tardons-nous pas, par groupes d'une dizaine chacun, à remplir des barques, là toujours prêtes à partir comme autant de fiacres maritimes en disponibilité; qui, en peu d'instants, nous transportent, nous et nos bagages, à ce navire qui doit être, pendant plusieurs semaines, notre habitation roulante, et dont les proportions se developpent de plus en plus grandioses à mesure que nous nous en approchons de la sorte.

Enfin nous voici rendus près du monstre flottant, et, en quelques minutes, nous nous y trouvons grimpés, à l'aide de l'espèce d'escalier fort raide qui pend le long d'un de ses flancs.

Grands dieux! quelles dimensions, et aussi quel mouvement intérieur! C'est à ne pas s'y reconnaitre, surtout quand on ne s'est jamais embarqué sur pareille machine; et, pour l'instant, j'y renonce, sauf à me rattraper plus tard.

Au reste, je n'en ai pas présentement le temps.

Car il me faut, sans désemparer, suivre le matelot chargé de m'indiquer ma couchette, et aller la reconnaître, puis placer mon mince bagage — composé d'une valise, plus d'un petit sac en cuir — dans la cabine qui la contient ainsi que trois autres analogues, destinées à pareil nombre de compagnons de voyage.

Je me dirige donc de suite vers cet endroit ; et, pour l'atteindre, descends un étage de cette maison d'un nouveau genre, où la porte est à peu près sur le toit, et où le bas ne se gagne qu'après que l'on est, d'abord, passé par le haut.

Mais, une fois arrivé là, quelle situation décourageante se révèle à ma vue !

Sans doute, j'ai bien une couchette. Mais elle est à la fois et trop courte et trop étroite. Puis, au lieu d'être au rez-de-chaussée de la cabine, elle est au premier étage, au-dessus de celle d'un autre passager qui m'a devancé dans son installation. De telle sorte que je ne pourrai ni y monter ni en descendre, sans une gymnastique en disproportion complète avec les trop faibles notions que j'ai, dans ma jeunesse, reçues de cet art aujourd'hui si furieusement cultivé. D'un autre côté, comment pouvoir se retourner, et surtout s'habiller et se dévêtir, à quatre, dans cette boîte à dormir, si exiguë qu'un seul de nous suffirait à l'occuper tout entière ? Autant de perspectives assurément peu rassurantes, auxquelles l'avenir ne pouvait évidemment fournir de solution propre à me satisfaire !

Quoi qu'il en soit il me faut bien accepter mon sort tel quel, et débuter ainsi, par une large dépense de résignation, dans cette espèce de tour de force — pour nous autres simples pékins de la terre ferme — que l'on appelle un voyage maritime de long cours.

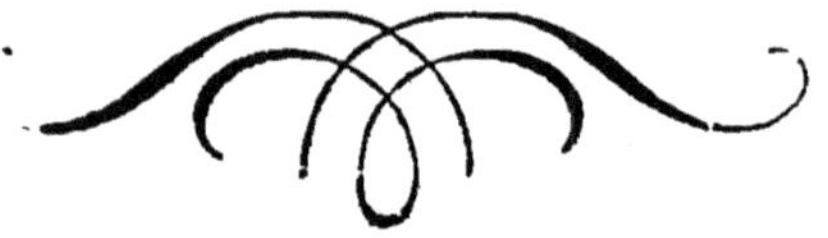

CHAPITRE II

LE NAVIRE

Me voilà donc casé tant bien que mal, et plutôt mal que bien, dans mon habitation maritime. Maintenant, tâchons de nous y orienter au plus tôt, et de nous rendre raison de la distribution intérieure, comme aussi de la nature du personnel nombreux et divers, de la vaste ruche dont j'occuperai de la sorte partie d'une des alvéoles.

Cela ne sera pas si facile que l'on pourrait

croire, même quant au premier de ces deux points d'investigation : dont, naturellement, nous aurons à nous occuper ici d'abord. Car la manière de circuler dans la place où nous sommes à présent nous est encore inconnue. Et, d'ailleurs, il y a autour de nous un tel bouleversement d'installation, de toute sorte, que ce n'est qu'avec la plus grande peine que je parviens à me frayer un passage.

Néanmoins la curiosité m'aplanissant les obstacles, ou du moins me suggérant les moyens d'arriver à les surmonter, je finis par me glisser à peu près partout. De façon à ce que, dès le début, je puis me rendre compte du singulier édifice sur lequel je viens de prendre ma résidence.

C'est un navire en bois, d'environ cinq mille tonneaux, de trois cents pieds de longueur, sur une largeur de cinquante pieds, environ. Il est naturellement à vapeur et, de plus, à hélice ; mais en même temps pourvu de mâts et de voiles, dont on se sert aussi à l'occasion.

A l'avant, il possède un gaillard peu développé, dont l'intérieur sert à remiser une foule d'objets de nécessité continue sur le pont voisin.

Celui-ci—situé à six pieds environ plus bas, et formant le toit même des batteries superposées dont nous allons parler tout à l'heure — s'étend, comme un immense plancher, entre le gaillard susdit et celui d'arrière — auquel nous arriverons bientôt — avec les bastingages du navire comme garnitures latérales. Il constitue de la sorte une espèce de creux plat, constamment occupé par les allées et venues des matelots de quart, pour la manœuvre du navire; et aussi par le campement momentané, aux fins d'aider à celle-ci, de la fraction des troupes embarquées de ce requise à tour de rôle ainsi que nous le verrons dans un instant.

Ce pont est, du reste, vers son milieu, partiellement interrompu, tant par la vaste enveloppe de la machine du vaisseau — qui se trouve, là, verticalement implantée dans celui-ci, à travers les divers étages que nous allons mentionner tout à l'heure — que par les appartements, y joints, de la cuisine et de la boulangerie destinées à nourrir le nombreux personnel du bord.

Et vers son extrémité obtuse de l'avant, immédiatement contiguë au gaillard saillant dont il a été ci-dessus parlé, il sert à parquer les divers animaux de boucherie embarqués pour aider de prime saut à ladite alimentation.

Au-dessous du gaillard d'avant comme du pont susdits — et par suite jusqu'aux deux tiers environ de l'intérieur du vaisseau, et en occupant toute la largeur—se trouvent deux vastes batteries, construites l'une au-dessus de l'autre, dépourvues de canons, mais munies de sabords nombreux, sur chacun de leurs deux côtés.

L'une d'elles, celle d'en haut, contient—à la suite de divers logements et bureaux des vaguemestres et comptables du bord, qui en remplissent la pointe du côté de l'avant—un vaste hôpital rectangulaire, muni de couchettes bien espacées, et destiné à recevoir les malades de la traversée : surtout ceux que l'on ramène toujours, en grand nombre, de Saïgon pour la France, et dont, au reste, plus d'un meurt, à chacun de ces voyages de retour, avant d'atteindre les rivages de la patrie.

La batterie d'en bas, elle, a un autre objet : elle renferme, vers le triangle de l'avant, le logement des matelots du bord, qui y mangent et y dorment par escouades et à tour de rôle, quand ils ne sont plus de quart. Puis, à la suite de cette partie extrême du local, s'étend, au-dessous de l'hôpital plus haut décrit, une immense salle servant de réfectoire et aussi de dortoir commun : d'abord, aux soldats et simples sergents de l'infanterie de marine, qui l'occupent, ainsi, par roulement de deux escouades, dites l'une *de tribord* et l'autre *de babord*, et qui s'y succèdent alternativement, après que chacune d'elles a effectué, dans d'autres parties du navire, le service maritime dont il a été déjà plus haut parlé; ensuite, aux marins et soldats — ou fonctionnaires analogues — en simple voyage officiellement autorisé, et, en général, aux passagers de quatrième classe, dont, toutefois, les femmes en faisant partie sont logées et nourries à part, dans quelques cabines à ce contiguës.

Au-dessous encore de ce second étage en commençant par le faîte, règne d'ailleurs une sorte de demi-batterie, servant de magasin, et aussi de prison pour les hommes de l'équipage ou de l'armée active, à ce condamnés, ou mis en état de simple arrestation préventive. Puis, tout à fait dans la cale, se trouve, finalement, la soute aux provisions sèches de bouche, et autres, nécessaires à la navigation.

Voilà pour l'avant du navire, c'est-à-dire pour les deux tiers environ de son contenu à partir de sa proue. Quant à son arrière — ou son dernier tiers jusqu'à la poupe qui le termine à l'extrémité opposée—il se trouve autrement distribué ou, en tout cas, autrement approprié.

C'est là la partie aristocratique de la construction flottante.

Elle s'élève, au moyen du vaste gaillard d'arrière qui en forme la partie supérieure, de six pieds environ au-dessus du pont susdit, et comprend, de haut en bas, trois étages : sans compter la portion de soute à eux correspondant.

Le premier n'est autre que l'intérieur même dudit gaillard : dont le toit plat — que l'on accède, du pont du navire, à l'aide de deux escaliers extérieurs — sert à la fois aux évolutions de la manœuvre maritime, et à la promenade des seuls passagers de première et de deuxième classe, tandis que ceux de troisième et de quatrième sont à cet égard réduits à se contenter de l'avant de celui-ci; et autour duquel se prolonge, en bas, le pont précité, de façon à former, sur ses côtés et à l'arrière, une sorte de corridor extérieur continu, par où l'on gagne les diverses ouvertures qui y donnent entrée.

Il comprend, à partir de son bout vers le centre du vaisseau :

D'abord, la salle à manger de la seconde classe, qui en remplit là toute la largeur, et qui sert aussi de salon et de buvette à celle-là.

Ensuite — après la porte faisant pénétrer dans l'escalier de l'étage inférieur — la salle à manger de la première classe : bien plus petite, eu égard au moindre nombre de ses habitués, mais pourvue d'un fumoir y attenant.

Enfin, et à la proue même du navire, les confortables appartements du commandant de celui-ci. Il y règne un certain luxe, et — chose plus précieuse — il s'y trouve un espace suffisant à la pleine liberté des mouvements de l'occupant. Ce sanctuaire hiérarchique est, d'ailleurs, bien gardé, car il est mis à l'abri de toute intrusion indiscrète, par la station continue, à sa porte, d'une sentinelle qui, prise, à tour de rôle, parmi le personnel des matelots, et restant pieds nus comme eux tous, n'en est pas moins munie d'une superbe hallebarde de suisse d'église; ce qui — avec un semblable contraste intrinsèque — la fait très fortement ressembler au valet de carreau d'un jeu de cartes françaises.

Observons, en passant, que le maître de ce logis extrà mange toujours chez lui, et seul avec l'aumônier et le médecin-major du bord; à moins qu'il n'ait, comme cela se produit en fait assez souvent, jugé à propos d'ajouter quelques invités de surcroît — officiers du navire, ou passagers — à cette compagnie journalière si restreinte.

Tout près de là, et contigu audit logis, à gauche en se tournant vers la poupe, se trouve d'ailleurs, aussi, celui du second. Mais il ne consiste qu'en une simple cabine de quelques pieds carrés seulement, et analogue à celles, dont nous parlerons plus loin, des autres officiers subalternes du bâtiment; qui tous, du reste, logent, comme le fait celui dont s'agit, séparément, chacun dans la sienne.

C'est, au surplus, par la même voie qu'on les accède l'un et l'autre ; à savoir : par le corridor extérieur de tribord, à ce même exclusivement consacré, et où, en tout cas, la circulation est, en général, interdite aux divers passagers.

Maintenant, descendons à l'étage immédiatement au-dessous.

Nous y trouvons — s'étendant, de l'hôpital de l'avant, ci-dessus décrit, dont elle est séparée par une simple cloison, mais avec lequel elle communique librement à travers la pharmacie qui le précède de ce côté-là ; jusqu'à un vaste appartement transversal, sis au-dessous du logement du commandant, et dit le *carré des officiers*, parce qu'il sert à ceux du bord, en général, de réfectoire et aussi de salon commun — une immense salle longitudinale, garnie, des deux côtés, de cabines éclairées chacune par un sabord circulaire.

Ces cabines sont celles desdits officiers, à l'exception du second — qui a la sienne à part, où nous savons — mais y compris, à cet égard, l'aumônier et le médecin-major, déjà plus haut également mentionnés. Ce sont aussi celles des passagers tant de première que de deuxième classe ; avec, comme je l'ai déjà dit pour la mienne, quatre couchettes, superposées deux par deux, dans chacune d'elles.

Le tout sans luxe, mais très proprement installé.

Descendons encore un étage et nous arriverons au dernier, de ce côté du navire.

Il est situé de plein pied avec la seconde batterie de l'avant, précédemment décrite, et qu'une porte de communication lui permet, au besoin, d'aborder; et comprend, à partir de celle-ci :

Premièrement, une salle carrée assez vaste et garnie, sur ses deux faces parallèles aux flancs du navire, de cabines à un seul sabord, mais à six couchettes chacune — disposées, du reste, toujours deux par deux — destinées aux passagers de troisième classe, et bien plus sombres, en même temps que bien moins propres, que celles ci-dessus mentionnées.

Et, à la suite—formant, à cet étage-là, la terminaison de poupe du vaisseau à l'intérieur — une salle en arc de cercle, qui sert de réfectoire et de salon aux passagers susdits, ainsi qu'à divers sous-officiers principaux du bord ou de l'armée active y embarquée momentanément.

Telle est — aussi exactement qu'il m'est possible, n'étant pas du métier, d'en donner la description — la distribution intérieure, au moins dans ses grandes lignes, de la cage où je viens de me renfermer pour une période qui, selon toute probabilité, sera d'au moins trois semaines entières.

Voyons, maintenant, quels en sont les oiseaux; c'est-à-dire, quel est le personnel qui va, pendant ce temps-là, l'habiter avec moi.

Ce ne fut pas aussi vite que je pus m'en assurer : la chose demandant, non plus seulement une inspection physique, mais encore une sorte d'inquisition morale, qui ne pouvait s'effectuer qu'à la longue, à l'aide de la durée même du voyage, et aussi d'incidents que la chance, ou bien la spontanéité même du sujet — étudié, de la sorte, à son insu — pouvaient seules faire naître; aussi pourrais-je — et devrais-je même, peut-être, logiquement — différer, pour l'instant, une semblable étude.

Mais, après tout, celle-ci se lie si étroitement avec la description matérielle précédente, qu'autant vaut-il, selon moi, s'en libérer de suite vis-à-vis du lecteur, et ne pas le faire languir en retardant d'animer ce théâtre nautique, que, dès le début, j'ai moi-même trouvé si plein de vie.

Passons donc en revue, dès maintenant, cette galerie vivante.

Elle est considérable et variée.

Nous sommes bien, en effet, mille personnes à bord ; et il y en a, là, de toutes les catégories, comme de tous les caractères.

On peut néanmoins les classer de suite en plusieurs groupes, officiels en quelque sorte ; et distinguer, à première vue : le personnel maritime, le personnel militaire, et, finalement, les passagers proprement dits de toute espèce.

Le personnel maritime, d'abord :

Il a à sa tête le commandant, qui est, naturellement, la première, et même, à vrai dire, la seule autorité du navire ; dont le pouvoir absolu, du moins jusqu'à une certaine limite et surtout en ce qui regarde la discipline, s'étend sur toutes les personnes indistinctement qui y ont été embarquées.

Sans doute, c'est, avant tout, aux marins qu'il peut l'appliquer. Mais il a aussi action sur les soldats, obligés de seconder au besoin ceux-ci pour la manœuvre du bâtiment, et dont la direction, tant qu'ils sont sur celui-ci, passe en quelque sorte, tout entière. des mains de leurs officiers propres, dans les siennes. Il en a même une sur ces derniers, à cette fin, et déjà vu leur seule qualification militaire ; et, jusque sur l'ensemble des passagers, pour les obliger à observer, tous, en général, les prescriptions de bonne tenue auxquelles ils se trouvent, soit expressément, soit au moins tacitement, soumis.

Tout le monde doit donc, en définitive, trembler ici devant lui ; et la plus ou moins grande aménité de son caractère est un point de première importance pour son entourage à bord, et surtout pour ses subalternes.

Dans l'espèce, c'est un capitaine de frégate ; qu'il est inutile de désigner nominativement ici, pas plus qu'au reste les divers personnages qui vont suivre.

Il grisonne déjà. Mais il est encore très vert. Son équipage le sait bien, et les dames aussi, peut-être !

C'est, en somme, je crois, un brave homme. Mais à cheval sur une discipline sévère, que ses subordonnés traitent de draconienne, et que, pour mon compte, je me garderai bien de juger ici *ex professo*, ayant toujours, à bord, évité de me mêler à de semblables questions.

En ce qui me concerne, du reste, je n'ai jamais eu qu'à me louer de mes relations avec ce personnage; avec lequel j'ai eu, pendant la traversée, de très fréquents entretiens.

Mais la partie féminine des passagers—au moins la fine fleur du panier en fait de situation sociale et encore plus d'agréments personnels; avec laquelle il ne manquait jamais de venir, chaque jour, sur le gaillard d'arrière, passer les longues heures de l'après-midi, dans des conversations qui, probablement, n'avaient rien de nautique—eut surtout, et constamment, à se louer de ses bons procédés.

Au surplus, la direction du navire lui-même —pour laquelle il avait, je n'en doute pas, au besoin, toute la compétence désirable—semblait fort peu le préoccuper.

Et pourquoi, vraiment, s'en serait-il gêné? Est-ce que les choses n'allaient pas, à cet égard-là, toutes seules : avec une aussi bonne installation matérielle du navire; une mer toujours calme, comme celle que nous devions invariablement conserver pendant toute la traversée; et, surtout, un remplaçant aussi capable et aussi dévoué que l'était le capitaine en second du bâtiment?

Oh! pour celui-ci, voilà le véritable cheval de carrosse du bord! voilà le premier clerc de l'étude, faisant la besogne du patron, sans encaisser autant que ce dernier; qui du reste a fait, sans doute, le même métier, pour un autre, dans le temps!

C'est, en fait, sur lui que tout le travail nautique retombe. Aussi le voit-on constamment sur la brèche, levant le point, commandant la manœuvre, et ne se reposant que juste le temps nécessaire pour ne pas succomber à une pareille fatigue.

Il s'agit, d'ailleurs, là, d'un homme distingué, lui aussi, lieutenant de vaisseau; n'ayant pas le temps de s'occuper des dames, mais, néanmoins, fort poli — quoique naturellement réservé — pour tous ceux qui avaient à s'adresser à lui.

Après le second, viennent immédiatement, dans l'ordre hiérarchique, deux autres officiers du bord, portant les titres de troisième et quatrième capitaines. Braves gens, et de bonne compagnie, je crois; mais se produisant peu en dehors de leur métier, et dont je ne ferai qu'une connaissance des plus superficielles.

Puis, sous cet état-major ainsi gradué, manœuvrent environ cent cinquante matelots, régis, du moins quant à la discipline, aussi bien que quant à l'instruction militaire, par un capitaine d'armes; auquel ce rôle, ingrat par lui-même, non moins que sa rigueur naturelle, ont, de leur part, attiré la haine la plus générale et la plus tenace que l'on puisse rencontrer en pareil cas.

Mentionnons, maintenant, comme se rattachant étroitement à ce personnel maritime proprement dit :

D'abord, l'aumônier du navire.

Très peu de vaisseaux de l'Etat en ont à présent conservé, paraît-il. Tant pis! si les supprimés eussent tous ressemblé à celui-ci !

Effectivement, s'il peut, à bord, rendre de temps en temps, de grands services moraux; nul, surtout, n'y est moins gênant que lui. Très fort sur la théorie dogmatique, dans ses conversations journalières avec ses interlocuteurs nombreux de l'arrière, il est, en pratique, le meilleur enfant du monde : expédiant bien vite sa prière publique de chaque soir, pour ne fatiguer personne, et venant, de suite après, le cigare à la bouche, se mêler amicalement avec les profanes de première et aussi de deuxième classe; qui, naturellement, de leur côté, l'accueilleront toujours de leur mieux.

A côté de cet infirmier des âmes nautiques, en général si désœuvré, vient, à présent, le guérisseur corporel; qui, du moins dans notre traversée, ne sera guère plus occupé, Dieu merci ! A savoir : le médecin-major du navire; que secondent, d'ailleurs, au besoin — et même remplacent, dans nombre de cas — deux aides en titre, à lui subordonnés, et que, du reste, je n'ai pas eu l'occasion de connaître personnellement.

Quant à lui — avec lequel j'aurai, au contraire, au cours du voyage, de fréquentes relations sociales — c'est encore, là, un homme des plus aimables, d'une tenue distinguée, et d'un savoir allant bien au-delà des besoins de son poste officiel. Malade, il vous soignera d'une façon fort experte. Bien portant, il vous maintiendra en bonne voie tant physique que morale, par le charme de sa conversation aussi savante que variée.

C'est donc une des meilleures pièces — sinon la meilleure — de notre personnel du bord.

Une autre qui, dans son genre, ne sera pas non plus à dédaigner, c'est le commissaire de marine, chargé d'en diriger la comptabilité, et ayant, à ce sujet, au-dessous de lui, une demi-douzaine d'employés portant des désignations diverses.

Les chiffres lui sont, sans nul doute, familiers. Mais ce que je goûterai surtout chez lui, c'est la vivacité de son esprit : s'arrachant, dès qu'il y aura moyen, de cette tâche mécanique, pour se lancer dans une foule de lazzis fort drôles ; qui, du reste, n'excluront en rien, chez lui, l'amabilité la plus générale et la plus constante.

Je devrais, maintenant, vous présenter le mécanicien en chef, avec son escouade spéciale d'aides, et de chauffeurs de la machine.

Mais cette phalange *ad hoc*—si importante qu'elle fût pour la marche de notre véhicule nautique—m'ayant été, les trois quarts du temps, forcément dissimulée par les profondeurs ténébreuses qui constituent sa seule sphère d'action, je n'ai jamais pu que très imparfaitement la connaître, et j'ai dû me borner à noter, en ce qui la concerne, quelques particularités à moi révélées au sujet des chauffeurs susdits.

Ceux-ci—au nombre d'une quinzaine environ—sont, en général, des Arabes, pris tant en Egypte que sur la côte opposée de l'Asie, et sont soumis à un *cheikh*—ou chef de leur race—élu parmi eux; qui, ici, les dirige immédiatement, et en répond, en quelque sorte, vis-à-vis du navire. Habitués aux feux du Tropique, ils supportent, bien mieux que ne le feraient des Européens, la chaleur horrible, non seulement du climat méridional, mais encore de la fournaise de la machine; à la bouche de laquelle ils passent la presque totalité de leur temps, ne remontant à la surface du vaisseau qu'à tour de rôle—et quelques instants seulement par jour—pour prendre leur chétif repas, et aussi se livrer, chaque matin et chaque soir, aux exercices pieux obligatoires de la religion musulmane, à laquelle ils appartiennent tous.

Quant aux garçons de table, par lesquels nous terminerons ce premier groupe, ce sont — de même, au reste, que les cuisiniers et autres serviteurs immédiats du gaster maritime—tous, des Européens, et, en général, des Marseillais. Ils sont, au surplus, entièrement distincts des matelots proprement dits, aux manœuvres et aux opérations desquels ils n'ont jamais à s'adjoindre ; pas plus que ceux-ci n'ont, de leur côté, à se mêler de leur besogne spéciale : devant se borner à la leur propre, qui, d'ailleurs, comprend le service des cabines—tant des passagers que des officiers — dont les garçons susdits n'ont, eux, en rien à s'occuper.

Passons, maintenant, au second groupe : celui de l'infanterie de marine embarquée avec nous.

Il y en a, en tout, à peu près six cents hommes — ou trois compagnies — avec un nombre correspondant d'officiers et sous-officiers, pour chacune d'elles.

Les premiers—c'est-à-dire les capitaines, lieutenants et sous-lieutenants — sont avec nous en seconde classe ; et nous pouvons les étudier tout à notre aise. D'autant plus qu'ils n'ont guère, à bord, comme nous le savons déjà, à s'occuper de leurs troupes, avec lesquelles ils n'y communiquent plus, à vrai dire, qu'en la personne de leurs plantons : jouant, à leur profit, le rôle d'estafettes et de domestiques supplémentaires.

Ce sont, en général, des hommes bien élevés; mais paraissant ennuyés de leur métier, si ce n'est, même, de toute espèce de chose.

Aussi ont-ils, à bord, bien de la peine à tuer le temps. Toute occupation leur y répugne, et la journée est bien longue vraiment, quand on n'a, pour la remplir — en dehors des repas — que des conversations banales, ou, encore, des parties de piquet, arrosées d'absinthe ou de bière : de médiocre qualité, d'ailleurs.

Un d'eux, il est vrai, sait employer ses loisirs. C'est un linguiste fourvoyé dans l'armée, et qui continue, sur le navire, à l'aide de livres *ad hoc* emportés par lui dans ce but, des études polyglottes commencées à terre. Il est, de plus, instruit sur une foule d'autres matières également étrangères à ses occupations militaires. Aussi ses collègues, qui ne se trouvent pas dans les mêmes conditions intellectuelles — et n'en ont, du reste, peut-être, que plus de vocation pour les armes — se moquent-ils légèrement de ce labeur ardu, continuel, et purement volontaire; dont, pour leur compte, ils seraient bien incapables, sans doute, à plus d'un point de vue.

Quant aux sous-officiers, et surtout aux soldats, c'est une véritable tourbe, dont il est impossible d'apprécier en détail les divers individus ; avec lesquels je ne me trouverai, d'ailleurs, matériellement, que très rarement mêlé.

On y remarque bien quelques figures intelligentes, de sergents et même de simples caporaux, pris, la plupart, parmi la classe éduquée de la population militaire. Mais, ce qui domine ici, c'est la vulgarité de l'ensemble ; et, surtout, la dure situation qu'il doit subir à bord, pendant les quarante jours environ que dure, à l'aller, la traversée de Cochinchine.

Effectivement, parqués en grande partie, à tour de rôle, sur le pont, où ils n'ont guère la place de se tourner ; obligés d'aider, au premier signal, les matelots dans la plupart de leurs manœuvres, qu'ils ont, naturellement, bien de la peine à comprendre au début ; dépourvus — à la différence de ceux-ci — de sacs larges, pour ramasser leurs divers effets de toilette et autres, dont bon nombre se trouvent forcément, de la sorte, égarés ; d'un autre côté, soumis, par la police du bord, à une discipline rigoureuse, qui ne leur tient aucun compte de leurs difficultés matérielles locales, ils sont réellement à plaindre : surtout quand — comme c'est le cas le plus fréquent — ils n'ont encore jamais quitté leurs foyers, ou du moins subi les épreuves spéciales d'une navigation quelconque.

On a bien le soin de les secouer, chaque jour, et à nombreuses reprises, par le son du clairon et celui du tambour, pour les appeler à certaines évolutions périodiques. Mais cela ne produit qu'un résultat momentané de distractions physiques ; qui n'a, d'ailleurs, pas l'air de les amuser, moralement, beaucoup.

Ils ne font, du reste, aucun exercice militaire proprement dit ; et ils doivent, naturellement, un peu, sinon beaucoup, se rouiller par une semblable abstention. Celle-ci, toutefois, cesse à l'égard de ce qu'on appelle le *bataillon de discipline*, composé des soldats en punition ; qui, grâce à leurs infractions telles quelles, se trouvent, de la sorte, maintenus dans une habitude à manier le fusil, dont se voient, eux, privés — assez illogiquement, je pense — ceux qui n'en ont commis aucune.

Ce qui vient seulement, un instant, alléger réellement leurs ennuis à tous, ce sont des sortes de représentations théâtrales — assez peu littéraires, il est vrai, mais fort animées — auxquelles, chaque dimanche soir, les loustics du corps ont, par permission du commandant — sinon de monsieur le maire — l'usage de se livrer sur le pont, du côté du gaillard d'arrière ; d'où les passagers de première et de deuxième classe peuvent y assister à leur aise, quand cela leur plaît : ce qui n'arrive pas toujours, à beaucoup près.

En somme, s'il peut être agréable, ou du moins supportable, d'être soldat d'infanterie de marine, ce n'est assurément pas dans de semblables conditions, et à bord de nos transports militaires ; où les troupes de cette arme se trouvent véritablement sacrifiées : en contraste complet, croyons-nous, avec ce qui se passe sur les navires employés par nos voisins, les Anglais, pour convoyer celles qu'ils envoient dans leurs diverses colonies.

Nous arrivons, maintenant, au troisième groupe ; qui, à certains égards, est le plus curieux à étudier : celui des simples passagers.

Il y en a, comme nous l'avons déjà incidemment constaté, de quatre classes différentes au point de vue de leur installation matérielle à bord ; où ils sont ainsi rangés d'après l'arbitraire administratif et, en général, d'après le rang social de chacun d'eux.

La plupart, du reste, quelle que soit la catégorie où on les ait ainsi placés, voyagent *gratis*, parce que le passage leur est officiellement dû pour aller rejoindre leur poste gouvernemental. Les autres — qui n'ont obtenu celui-là que par une faveur personnelle, due, soit à certains titres moraux à la recevoir, soit à une simple recommandation de leurs protecteurs politiques — ont, eux, quelque chose à payer par jour, comme frais de nourriture. Mais ce quelque chose—qui, d'ailleurs, varie en chiffre selon la classe — est toujours fort minime; et, encore ici, il y a grande économie à user d'un pareil mode de transport.

En tout, ils sont à peu près trois cents.

Ceux de première classe sont logés comme nous le savons déjà, et reçoivent une nourriture plus soignée que ceux des classes inférieures: elles-mêmes, du reste, pareillement graduées, à cet égard, entre elles.

Ils ont, naturellement, le libre usage du gaillard d'arrière. Mais nous avons vu qu'ils le partagent avec les passagers de second numéro; auxquels cependant ils ne se mélangent, en fait, que d'une façon restreinte, encore bien que bon nombre de ceux-ci les égalent en rang social, ou, au moins, en connaissances et en éducation personnelle.

En général, ce sont de hauts fonctionnaires de la marine, de l'armée navale, ou de l'ordre civil colonial: tous, Français européens, et allant rejoindre leurs diverses destinations officielles en Indo-Chine.

Ainsi, par exemple, il y a parmi eux un capitaine de frégate se rendant au Tonquin — avec lequel nous n'étions pas encore alors en guerre mais pouvions déjà, au premier moment, nous y trouver — et y allant prendre le commandement d'un aviso cuirassé, qui l'y attend en station militaire.

C'est un homme jeune encore, fort distingué de manières, aimable pour tout le monde, et dont la conversation — qui roule principalement sur ses nombreux voyages antérieurs — est des plus intéressantes, surtout pour un touriste avide de pérégrinations lointaines.

Je le mettrai donc, dans les entretiens journaliers que j'aurai avec lui, volontiers sur un pareil chapitre. Nous causerons, ainsi, notamment du pays où il va, et qu'il connaît déjà de longue date. Selon lui, notre succès y était assuré, grâce à l'indignation des indigènes contre le cruel et incapable souverain d'alors ; pourvu que nous nous y présentassions promptement et en forces suffisantes. Autrement, un échec était à craindre, et, aussi, une nouvelle persécution contre les chrétiens locaux. Il me semble que les événements ultérieurs ont suffisamment justifié de semblables pronostics.

Il y a, de même, dans la collection dont s'agit, plusieurs officiers supérieurs de l'infanterie de marine, regagnant leurs régiments de Cochinchine.

Sans parler des autres — qui, eux, n'ont rien d'anormal — un d'eux n'est plus qu'un vieux ramolli, usé par des campagnes qui n'ont rien eu de militaire, et promenant sans relâche, toute la journée, sur le gaillard d'arrière — sans adresser la parole à personne — et sa décadence physique anticipée, et sa vacuité cérébrale, digne pendant de celle-ci.

Viennent, ensuite, une demi-douzaine d'administrateurs de provinces cochinchinoises — sorte de préfets coloniaux—allant reprendre, après un congé plus ou moins long passé en France, la direction de leurs divers ressorts officiels; qu'ils connaissent tous fort bien déjà, non seulement comme y ayant commencé à régner en leur qualité actuelle, mais encore comme y ayant jadis exercé, préalablement, plus d'une fonction subalterne, sous leurs prédécesseurs dans le poste éminent dont s'agit.

Ce sont, en général, des hommes au-dessus de l'ordinaire, fort modérés d'opinions politiques, critiquant même plus d'un côté du système à la tête duquel ils sont placés : surtout certains décrets récents, qui les ont, dans l'intérieur du pays, dépouillés des pouvoirs judiciaires — qu'ils exerçaient également naguère, concurremment avec ceux de l'administration proprement dite—pour les transférer à des tribunaux français distincts, de nouvelle création, et absolument incapables, selon eux, toute d'expérience des coutumes indigènes, d'appliquer aux Annamites, ainsi soumis désormais à leur juridiction, le droit local de ceux-ci.

Ce sont aussi des hommes fort instruits, surtout des choses du pays en question : et dont, à cet égard, la conversation sera, pour moi, des plus intéressantes. Ils me renseigneront, à tour de rôle, sur les divers détails de leur gestion, et de la colonie en général ; et me proposeront même de me faire personnellement vérifier, sur place, l'exactitude de leurs assertions à ce sujet, si, par hasard, je vais jusqu'en Cochinchine. Ce qui, du reste, n'entre nullement, alors, dans mes projets ; qui se bornent, provisoirement, à visiter l'Inde exclusivement à toute autre contrée.

En somme, ils constituent ici, et de beaucoup, le dessus du panier de nos fonctionnaires coloniaux de Cochinchine ; qui, en général, notamment d'après ce que nous en avons à bord, sont loin d'être la crême de ce que la mère-patrie possédait, dans son sein, d'esprits ambitieux de la servir en émargeant son budget.

Joignons-y, cependant, avec une note également favorable, un directeur de l'enregistrement, qui, de Bourbon — où il en occupait un analogue — va prendre ce poste à Saïgon, qu'il ne connaît pas encore, puisqu'il n'y est jamais allé jusqu'à présent.

Celui-là ne pourra rien me dire de la Cochinchine. Mais, en revanche, il me donnera, sur l'île française qu'il a naguère quittée, maint détail curieux. Et comme, d'un autre côté, le narrateur en question est, à la fois, spirituel et bien élevé, il y aura pour moi plaisir, non moins que profit réel, à l'entendre.

Nous avons enfin, dans la même classe de passagers, des magistrats à la cour de Saïgon, qui y retournent après congé règlementaire, assez peu satisfaits de cette reprise d'exil dans une contrée à climat débilitant, alors que, d'ailleurs, ils avaient, un instant, espéré se voir enfin casés définitivement dans la mère-patrie; et dont les renseignements judiciaires viendront heureusement compléter, pour moi, les indications administratives des préfets provinciaux de tout à l'heure.

Quant à eux, ils applaudissent, naturellement, aux dernières innovations en matière de justice cochinchinoise, et, de plus, s'élèvent énergiquement contre les empiétements, tant anciens que récents, du gouverneur d'alors—révoqué depuis — sur le domaine de leurs attributions propres.

Voilà pour la partie masculine, du moins, de ladite classe de passagers.

Quant à la féminine, elle ne se compose que

de trois échantillons, auxquels je ne puis, à mon grand regret, introduire le lecteur. Ce sont de hautes et puissantes dames, femmes de trois des fonctionnaires divers ci-dessus décrits; avec lesquelles je ne me suis, pour mon compte, jamais cru digne de converser. Le commandant du navire, qui, lui, jouissait souvent de leur aristocratique entretien — sans nul doute, des plus intéressants pour leurs rares initiés — pourrait donc bien mieux que moi, et même aussi facilement que cela me serait malaisé, vous renseigner sur leur compte, et vous décrire leurs séductions intellectuelles, en même temps que leurs attraits physiques : sur lesquels je me déclare encore très humblement incapable d'émettre un avis compétent.

Passons, maintenant, aux passagers de seconde classe, que j'ai, naturellement, mieux étudiés que les précédents, puisque j'en fais moi-même partie, et m'y trouverai, par conséquent, presque continuellement mêlé dans tout le cours de la traversée.

On a vu quel logement ils occupent, et aussi quel lieu de promenade leur est accessible. Le tout, en commun avec les passagers de première classe, et à l'exclusion de ceux des classes inférieures.

Reste, maintenant, à en faire connaître les principaux types.

Ici nous ne séparerons plus les femmes des hommes. Car celles-là, sans y être bien plus nombreuses que dans la catégorie précédente, s'y produisent bien davantage, et, posant moins, ou pas du tout, forment partie beaucoup plus intégrante de la collection humaine qu'il s'agit d'étudier à présent.

Celle-ci est véritablement des plus variées, et constitue, sans contredit, la section la plus curieuse des passagers embarqués.

Il y a d'abord, parmi eux, une dizaine d'officiers d'infanterie de marine, de différents grades ne dépassant pas celui de capitaine, décorés pour la plupart, et allant rejoindre leurs corps en Cochinchine; où quelques-uns sont déjà venus, tandis que d'autres s'y trouvent transférés pour la première fois.

Ils sont plus ou moins intelligents. C'est-à-dire que l'on trouve, chez eux, à peu près toute la gamme du raisonnement, depuis la dose élevée jusqu'à la médiocre. Et de même quant à l'éducation, qui y est quelquefois supérieure, et d'autres fois assez restreinte. Ils ressemblent, du reste, naturellement, dans leur total, à leurs collègues du navire alors en activité de service;

et le tout forme un groupe homogène, où l'on se comprend fort bien, sans s'aimer toujours.

Ici encore nous avons donc des désœuvrés, ne parvenant qu'à grand'peine à tuer les longues heures d'une journée vide de tout travail.

Deux, pourtant, de ces guerriers au repos ont, avec eux, emmené une distraction spéciale, et qui va leur être, en pareil cas, d'un grand secours. Nous voulons parler de leurs épouses chéries.

Il y en a, d'abord, une touchant déjà la quarantaine et d'une énorme corpulence. Mais elle rachète largement ces deux défauts physiques, par une figure restée charmante, malgré toutes les atteintes du temps, sur les ondes duquel elle a pu surnager intacte; et, aussi, par une loquacité spirituelle, contrastant singulièrement avec le mutisme — sans doute motivé, d'ailleurs — du capitaine son mari, qui, pendant qu'elle devidera, chaque jour, son écheveau de soie lingual, se bornera à l'écouter avec ravissement. Ce que feront, du reste, également, la plupart de ses autres auditeurs.

Ah ! quelle précieuse ressource qu'une aussi gracieuse manivelle ! et que celle-ci a dû, jadis, abattre de besogne ! A coup sûr, elle aussi a eu ses campagnes, et peut-être plus de victoires que le guerrier son époux !

Malheureusement pour nous autres, simples arrivants de la dernière heure—qui serons, d'ailleurs, libéralement admis à écouter, et même à interpeller, au besoin, l'enchanteresse — nous ne pourrons plus avoir, de tout cela, qu'une idée rétrospective. Quoi qu'il en soit, ce crépuscule féminin est encore beau, encore chaud aussi ! et nous en profiterons de notre mieux.

Bien moins richement douée se présente une de ses compagnes du bord, qui est en même temps l'associée conjugale d'un des lieutenants de l'armée y embarquée.

Celle-ci est, sans doute, beaucoup plus jeune. Elle n'a pas plus de la moitié de l'âge susdit. Mais c'est un terrain pauvre, et qui ne s'enrichira jamais.

Pauvre au point de vue plastique, d'abord !

Figure de bébé pleurard, sur un corps très long et trop discret, bras et jambes qui n'en finissent plus, seins et hanches qui n'ont jamais commencé. Ensemble physique ressemblant, en résumé, à ces hauts fantoches que l'on porte encore dans certaines processions historiques, et dont la tête de bois repose sur une simple perche passée dans une robe flottante. Telle est l'exacte photographie de ce produit femelle, assez peu réussi, comme l'on voit.

Pauvre, aussi, au point de vue intellectuel !

Un silence fréquent, qui n'est, ici, pas d'or, et

atteste, tout bonnement, l'absence de minerai conversatif chez le sujet dont s'agit; ou bien, des réponses et des réflexions d'enfant niaise, pleinement en rapport avec l'extérieur susdécrit. Voilà le triste bilan de cette seconde partie de notre examen en ce qui le concerne.

Grand Dieu ! quel parti tirer d'un pareil avorton ?

Et cependant, son vainqueur légitime, encore dans toute la fougue de sa récente conquête, paraît s'en contenter, et même s'en arranger au mieux ! Ce qui confirme pleinement l'adage : que la nature admet, ou du moins présente, tous les goûts possibles, même les plus difficiles à concevoir.

Il est vrai que, peu spirituel sans doute lui-même, ou bien renonçant à pincer, chez sa colombe naïve, une corde intellectuelle qu'il aurait toute chance de voir invariablement rester muette, il se contentera d'y chercher le peu qu'elle pourra matériellement lui fournir, et de la manipuler, à chaque instant de la journée, de la façon la plus consciencieuse ; de manière à ne pas négliger, au cours d'un pareil travail, la moindre portion de terre végétale, dans une contrée où il y en a également si peu. Mais, encore à cet égard-là, nous le plaindrons, tous, très fort; et, si ses investigations minutieuses, faites le plus souvent sans vergogne et pour ainsi dire à notre nez, nous dégoûteront passablement, elles ne nous inspireront assurément aucune jalousie, tant s'en faut !

Ah ! que plus appétissante est la jeune femme à moustaches d'un garde d'artillerie qui se rend à Saïgon, sa nouvelle destination officielle, muni de cette pièce récente, bien plus précieuse à défendre que toutes celles dont l'Etat lui a confié la surveillance !

Sans doute, sa lèvre supérieure est un peu trop ombragée, et la végétation capillaire a poussé, là, plus d'une touffe qu'elle eût avantageusement pu garder pour ailleurs. Sans doute, aussi, la conversation orale du sujet peut laisser quelque chose à désirer comme richesse et comme entrain. Mais, quel visage bien dessiné ! Quels beaux yeux, pour en éclairer les traits artistiques ! Et, d'un autre côté, quelle structure corporelle bien proportionnée ! Quelle volupté naturelle dans les mouvements qui agitent cette gracieuse charpente féminine ! A celle-là, rien ne manque, assurément, au point de vue de la forme ! Les lacunes ont disparu, et, sans avoir à redouter d'ailleurs des entassements superflus, on n'a plus à déplorer de désolantes platitudes. L'animal esthétique est parfait. Et n'est-ce pas déjà beaucoup ?

Quant au mari, c'est un brave homme, et, sans doute aussi, un excellent garde d'artillerie.

Sa mention ici — venant à la suite de celle des militaires proprement dits, auxquels il se rattache directement — nous servira de transition naturelle à d'autres fonctionnaires d'une nature assez différente des premiers.

Voici, par exemple, maintenant, de jeunes magistrats, fraîchement éclos, des tribunaux cochinchinois.

En général, ils n'ont pas d'antécédents judiciaires; sauf un, qui a été juge de paix en Algérie, et me parle souvent de ce pays où je suis jadis moi-même allé. Les autres ont tout simplement passé un temps, d'ailleurs très court, dans un barreau quelconque, ou même seulement dans les bureaux d'un ministère, y attendant, de leurs protecteurs individuels, l'occasion de s'incruster au plus tôt dans la magistrature coloniale : naturellement plus facile à aborder que celle, déjà si encombrée, de la mère-patrie.

Ce qu'il y a de certain, c'est qu'ils se rendent, tous, à leurs postes, sans savoir ce qu'ils y auront à faire. Ils ne sont même pas renseignés sur la nature du droit qu'ils devront y appliquer aux indigènes. Sera-ce la loi française ? Seront-ce les coutumes annamites ? Ils ont bien quelque teinture du premier. Mais ils n'ont pas la moindre idée des secondes ! et c'est avec effroi qu'ils m'entendent émettre l'opinion —

exacte, par le fait— que c'est la seconde de ces solutions qui seule peut être la vraie.

A coup sûr, voilà des sujets qui, en arrivant, n'auront pas à déraciner chez eux de fausse science, du moins en fait de droit local; mais qui auront besoin de quelques secours — empruntés, peut-être, à leurs propres justiciables — pour s'en procurer une réelle concernant celui-ci.

Du reste, ce sont tous d'aimables gens. Et autant eux que d'autres — non plus instruits, probablement — pour recevoir les faveurs de l'administration française : la première, et la plus équitable de toutes, comme chacun sait !

Par exemple, on eût peut-être, par prudence, dû laisser au repos, en France, cet ancien commissaire de police de la Nouvelle-Calédonie, envoyé, avec un titre analogue, dans les possessions cochinchinoises.

Sans doute, il grisonne, et la neige des ans est déjà tombée à flocons sur ses coteaux encéphaliques ! mais son cratère érotique, jadis si meurtrier, dit-on, continue de bouillonner sourdement; et, de sa cavité mystérieuse, je crains toujours, de revoir, au premier moment, couler la lave.

Sans doute, aussi, il est loin d'être un sot; et sa conversation, richement nourrie d'anecdotes gaillardes — que ses nombreux voyages antérieurs, et même ses anciennes campagnes policières, lui ont permis de recueillir de première main—est loin d'être à dédaigner! Mais le diable est-il une bête? Vous n'en feriez pourtant pas le gardien de votre bercail! Au contraire, vous trouveriez dans son esprit et son talent sataniques, un motif de plus de vous mettre en défiance contre ses prétendus bons offices!

Viennent, maintenant, une foule de petits jeunes gens, à peine sevrés du collège; qui ont obtenu, par l'intermédiaire de tel ou tel protecteur, la position, plus ou moins sérieuse, d'employés dans une administration cochinchinoise.

Oh! il y en a là de toutes les espèces! depuis le blasé précoce, qui a, dans la mère-patrie, épuisé déjà tous les plaisirs, comme aussi tous les essais—apparents, du moins—d'utilisation quelconque, et dont on a sans doute trouvé à propos de débarrasser ainsi la métropole, au préjudice de la colonie, qui va le recevoir comme une épave avariée; jusqu'au blanc-bec novice, encore imbu des préjugés naïfs de sa maman—voire, même, des déclamations antirépublicaines de son curé—et qui, passant, néanmoins, pardessus les répugnances aristocratiques de son éducation, plus ou moins cléricale, pour le profane état de choses qui, hélas! règne si librement aujourd'hui, va tenter au loin de purifier, par son contact provisoirement virginal, ce corps gangrené — mais, il est vrai, matériellement rémunérateur — qui a continué de s'appeler, dans le langage usuel, l'administration française.

En général, ils ne doutent de rien, ou, plutôt, ils ne se doutent de rien : ne sachant rien, ou presque rien, de ce qu'on va leur demander là-bas. Du reste, la plupart ont reçu de l'éducation ; et, si les travaux tels quels de leur cléricature officielle prochaine doivent longtemps, sinon toujours, laisser beaucoup à désirer, les bals du gouverneur, assez déserts quelquefois, trouveront souvent, là, de précieuses recrues.

Quelques spécialités, d'ailleurs, s'y remarquent, ou s'y adjoignent.

Ainsi, par exemple, un employé du cadastre ; qui, sorti des bureaux *ad hoc* du Jura, va bientôt arpenter les frontières du Cambodge. Brave homme, du reste, car il ronfle fort ! si fort, que ses compagnons de cabine voient, chaque soir, arriver avec effroi le moment où il va transporter dans celle-ci, au milieu d'eux, son orgue corporel si retentissant ; qui, au surplus, sera, sans nul doute, bien moins nuisible à terre et en plein champ, dans les bivacs fréquents de sa future campagne géométrique.

Un autre type, bien plus curieux, c'est celui

d'un jeune maître d'école; qui — sans même avoir reçu le baptême, si banal déjà, du baccalauréat — va — probablement, vu l'extrême pénurie coloniale des sujets — remplir, dans un collège cochinchinois, la fonction de *professeur surnuméraire;* dont personne, d'ailleurs, pas même lui, ne peut me donner la véritable définition, ni m'indiquer les exactes attributions.

C'est une âme véritablement simple, que n'a pu parvenir à défricher la compagnie — qui l'a suivi dans son trajet lointain — d'une épouse sémillante, sinon positivement jolie. Aussi cette dernière a-t-elle fini par renoncer à cette culture ingrate; et, laissant à son prosaïque conjoint la tâche confidentielle, mais monotone à la longue, de moucher et torcher périodiquement les deux petits marmots issus de leurs conciliabules antérieurs, s'est-elle réfugiée dans les douceurs consolantes d'une flirtation étrangère : que l'on n'a pas, généralement, la cruauté de lui refuser, en voyant tout ce que son cas spécial a de véritablement critique.

Son pacifique époux ne s'en préoccupe pas, du reste; au moins pendant le jour : y jugeant le jeu sans péril. Mais, dès que le soir arrive, ses inquiétudes s'éveillent; et il a, alors, grand soin d'enfermer à clef, dans leur cabine commune, sa trop communicative moitié. Sorte d'habitude précautionneuse, qui, bientôt, va donner lieu à une scène comique; qu'en narrateur consciencieux nous nous ferons un devoir de raconter à son heure.

N'oublions pas, non plus, ce vieux déplumé, qui, venant de manger lestement, en France, la grenouille paternelle, est officiellement chargé d'aller, comme employé de cònfiance, aider, là-bas, à gérer économiquement la banque gouvernementale de Saïgon.

Celui-là, c'est encore une tête faible. Mais, en même temps, c'est un esprit fort! Il en veut beaucoup aux curés, sans doute parce que leurs prédications hydrophiles et antipriapiques le gênent dans l'exercice libre de ses goûts personnels; et il ne peut, non plus, supporter, chez les autres, une opinion en désaccord avec celle-là. Il aurait, cependant, bien besoin de quelques exorcismes médicateurs! En attendant on l'envoie ici carrément promener, au nom de la liberté qu'il opprime après en avoir lui-même trop joui. Puissent des douches froides, adroitement et longtemps appliquées, compléter plus tard cette œuvre hygiénique; et lui restituer intact le peu de cervelle dont la nature, si avare, en cela, à son égard, l'avait primitivement gratifié!

Viendrait, à présent, comme unique échantillon, à bord, de l'espèce touriste, votre serviteur ici griffonnant. Mais vous l'excuserez de ne pas se risquer à donner lui-même sa propre description.

Nous voici, maintenant, arrivés au dernier stock de nos sujets d'études actuels. Car nous pouvons parfaitement réunir, à cet égard, ensemble, les passagers de troisième classe—dont s'agit à présent—avec ceux de quatrième, et les examiner collectivement. Les uns et les autres sont, en effet, à peu près de même catégorie sociale. D'ailleurs, ils partagent, sinon le même logement et la même nourriture, au moins le même lieu de promenade diurne; et ils restent pareillement séparés, comme nous le savons déjà, de tout contact officiel, et même matériel, avec les passagers des classes supérieures.

Ce sont, en général, des individus d'un rang inférieur, dans le sens ordinaire du mot. C'est-à-dire : ou des sous-officiers et bas employés de l'armée coloniale, qui vont y rejoindre leurs corps et leurs bureaux respectifs; ou bien de pauvres pionniers de Cochinchine, qui s'y rendent pour y entreprendre quelque petite exploitation. Braves gens, la plupart, mais d'une éducation, comme d'une instruction classique, fort incomplètes, sinon totalement absentes dans nombre de cas.

Notons, toutefois, parmi eux, comme saillant

au-dessus, ou au moins au milieu, de leur foule collective :

D'abord, un photographe de Saïgon, qui, jadis, fut chargé, par une mission officielle française, de l'accompagner, comme auxiliaire artistique, aux fameuses ruines boudhiques, siamoises, d'*Angkor*, et de prendre, de celles-ci, des vues diverses; dont il nous montre, à bord, de nombreux échantillons, tous admirablement réussis.

Puis, un jeune Annamite, élevé, aux frais de notre Gouvernement, chez les frères des écoles chrétiennes de Marseille. Il ne parle français qu'avec un fort accent étranger. Mais il est assez intelligent, et tout dévoué aux succès futurs de nos armes dans le Tonquin; dont son père est originaire, encore bien que celui-ci habite actuellement Saïgon.

Nous nous sommes promptement liés l'un et l'autre; d'autant plus qu'au moment de l'embarquement à Toulon, il m'a été présenté par l'excellent religieux, de la maison susdite, qui s'était chargé de le conduire à bord. Et, comme marque de son amitié pleine d'expression, il s'est bientôt empressé de me donner sa photographie en costume de collégien français. Je la possède toujours, et la garderai précieusement : ne fût-ce que comme spécimen typique des figures masculines indigènes de la péninsule indo-chinoise.

Sans doute qu'à l'heure actuelle, il se retrouve à son ancienne maison d'éducation française ; où il devait retourner dans six mois, après avoir été de la sorte un instant revoir — à la faveur d'un passage gratuit sur le..... — et sa patrie de naissance, et sa famille y momentanément abandonnée par lui.

A la même race appartient, aussi, une des passagères du présent groupe, mariée à un des hommes de celui-ci, simple marin d'ailleurs.

Elle est horrible d'aspect, avec ses yeux obliques, et son nez plat : ou, plutôt, à peu près complètement absent. Elle l'est d'autant plus qu'elle a voulu s'embellir par l'adoption du costume européen ; c'est-à-dire de celui d'une française de bas étage. Face de singe sans poil, sur un corps sans forme, empaqueté dans un ramassis de loques occidentales, aussi malpropres que déchirées ; tel est l'exact résumé de sa gracieuse physionomie.

Au surplus, nous serons, ici, bientôt débarrassés de sa présence nauséabonde. Car ne voilà-t-il pas qu'au bout de quelques jours, elle se met tout à coup à accoucher, d'un produit mixte ; que, du reste, je n'ai pu voir, attendu qu'il n'a pas été séparé de sa mère : elle-même alors désormais soustraite, pour le restant de la traversée, à nos investigations ethnologiques, à l'aide d'une draperie *ad hoc*, en cette occasion tendue autour d'un des lits de l'hôpital nautique que l'on sait, où l'on s'empressera de la colloquer à la suite d'un semblable incident.

Telle est — dans ses traits principaux, du moins — la vaste galerie de portraits, qu'après avoir décrit matériellement le navire lui-même, il était à propos de faire de suite parcourir au lecteur. Celui-ci sait maintenant, à ce moyen, avec qui il va naviguer dans quelques instants.

CHAPITRE III

LA TRAVERSÉE

Nous allons, en effet, partir ! Car nous sommes à la date officiellement fixée pour cela ; et jamais — à moins de circonstances absolument exceptionnelles et de force majeure — il ne peut y avoir, à cet égard-là, de retard. D'ailleurs, en réalité, tout est prêt, en fait d'approvisionnements comme de formalités ; et puis, tout le monde, le commandant tout le premier, est impatient de prendre la haute mer, pour commencer au plus tôt cette grande traversée que la plupart voudraient voir déjà finie.

Elle sera longue, en effet : trente-huit jours environ, pour aller à Saïgon, dont vingt-quatre, à peu près, pour atteindre Colombo ; où, comme on sait, je dois, moi, prendre terre.

Sans doute il y aurait moyen d'aller plus vite, et d'abréger, d'un quart au moins, cette énorme durée. Mais il faudrait, pour cela, des dépenses considérables de charbon ; que serait, paraît-il, loin de compenser l'épargne sur la nourriture, pour les quelques jours de différence, des embarqués du bord.

Il est bien vrai qu'au retour une semblable considération n'empêchera plus le navire d'aller désormais à toute vitesse, et de regagner, de la sorte, en vingt-cinq jours au plus, les rivages de la France. Mais c'est qu'alors une autre la dominera de haut ! à savoir : la nécessité de rapatrier au plus tôt, de peur d'en voir la plupart mourir en route — comme un trop grand nombre déjà le font, en dépit d'une telle précaution — les centaines de malades coloniaux que l'on ramènera, ainsi, dans leurs foyers.

On lève donc, enfin, les ancres ; qui s'arrachent péniblement et avec un bruit strident, les unes après les autres, comme les diverses racines d'un arbre gigantesque que l'on essaie de dépiéter sans le mutiler. Et, de la sorte, nous cessons, en quelques instants, d'appartenir au sol national, pour devenir, désormais, pendant la longue période que l'on sait, les citoyens de ce vaste empire cosmopolite qui s'appelle la mer.

Qui n'a, en pareille occurence, quelque égoïste que soit son caractère, et quelque sec que soit son cœur, senti son âme se bouleverser tout entière ? Est-ce qu'un pareil divorce — qui sera souvent, en fait, définitif et sans remède — entre le voyageur qui part, et la patrie qu'il quitte ainsi pour une terre lointaine, n'est pas de nature à briser, au moins momentanément, la glace prosaïque qui, dans l'état normal des choses, peut tenir emprisonnées, chez un homme, toutes les forces sentimentales? Plaignons sincèrement celui qui saurait supporter, sans défaillir plus ou moins, un semblable choc !

Pour moi, je ne m'en défends pas, je m'en sens, alors, fort ému : d'autant plus que c'est pour la première fois que je me lance dans une aussi distante expédition ; et je ne puis voir, sans un certain déchirement, fuir avec rapidité, derrière le navire qui m'emporte, cette terre de France à laquelle j'appartiens de tant de façons diverses et que j'abandonne cependant volontairement, ainsi, pour un aussi long temps.

Mais, heureusement, pour le navigateur en

général, si novice qu'il soit, qu'une pareille sensation ne dure pas, du moins dans ce qu'elle peut avoir de poignant; et s'atténue bientôt — quand elle ne disparaît pas tout à fait — par la seule mobilité de l'esprit humain, et ensuite par les distractions puissantes que procure, en quelque sorte malgré lui, à celui qui l'a subie, la vue, sans cesse variée, des objets divers que le voyage lui-même fait alors, à mesure que celui-ci s'avance, passer sous ses yeux éblouis.

Aussi m'en remets-je, pour mon compte, assez promptement. D'autant plus que j'ai autour de moi, sur le navire lui-même, ainsi qu'on l'a déjà vu plus haut, et qu'on le reconnaîtra mieux encore tout à l'heure, bien des choses à examiner et à m'assimiler au plus vite.

Il me faut, en effet, y prendre mes habitudes. C'est-à-dire : non seulement en étudier généralement le contenu, tant mort que vif, ainsi que nous l'avons fait précédemment, le lecteur et moi; mais encore, et même avant tout, me mettre au courant des diverses particularités matérielles qui s'y lieront étroitement à ma vie de chaque jour. Le reste — et notamment les relations sociales avec ceux de ses habitants qu'il m'importera, ou me sera flatteur, de fréquenter

— est moins pressant, et sera d'ailleurs, naturellement, surtout l'affaire du temps et des circonstances ultérieures.

J'ai commencé, toutefois, par aller remettre ma carte chez le commandant, comme chez le maître de la maison dont je suis devenu, de la sorte, un des locataires. Démarche que rien d'officiel ne venait m'imposer, il est vrai, mais que la politesse ordinaire suffisait à me prescrire, et qu'en fait je n'aurai plus tard qu'à me féliciter d'avoir remplie dès le début.

Cela fait, je suis libre de mes mouvements, et j'en profite de suite, pour me livrer à l'investigation matérielle, sommaire, du navire, que j'ai précédemment racontée. Après laquelle il me faut me diriger vers la salle à manger des secondes; où l'on va — car il est, à présent, cinq heures du soir — nous servir notre premier repas à bord.

J'y entre donc, par la galerie extérieure de babord que l'on sait, avec mes associés de la même classe; dont je connais déjà quelques-uns, mais dont j'ignore encore la plupart. Et, tous ensemble, nous nous asseyons à de longues tables, solidement vissées, ainsi que les bancs qui les garnissent de chaque côté, de façon à ce que le tout puisse résister, sans chute et même sans déplacement, aux effets si perturbateurs du roulis et du tangage.

Ce qui, toutefois, n'empêchera pas ceux-ci de faire quelquefois, au cours de notre traversée, danser, et même choir, les divers ustensiles culinaires — plats, assiettes, carafes, bouteilles, couverts, et autres — avec les mets et liquides y relatifs, dont, pour chaque repas, les tables susdites sont nécessairement garnies ; et ce, malgré, d'ailleurs, les précautions spéciales — telles que la fameuse *corde à violon*, tendue, d'un bout à l'autre de chacune d'elles, pour insérer, entre ses trois ou quatre ficelles, les plus instables de tous ces objets-là — alors employées pour assujettir un semblable mobilier.

De la sorte assis, ou plutôt incrusté, au milieu de deux autres convives, je fais bien vite connaissance avec ceux-ci, et, de plus, avec ceux qui, à la même table, se trouvent immédiatement en face de moi.

Les premiers sont, d'une part, le cadastreux sonore, et, d'autre part, le libre-penseur creux mais intolérant, dont j'ai fait naguère les esquisses fidèles.

Si celui-là — que je ne fréquenterai d'ailleurs, Dieu merci ! que le jour — ne saurait me gêner, et tout au contraire ! car c'est, après le soleil levé, et notamment à table, un homme des plus paisibles ; celui-ci, au contraire ne tardera pas, surtout en dînant, à me prendre sur les nerfs, par ses dissertations aussi intolérantes que saugrenues, et je ne manquerai pas, vif comme j'avoue très bien l'être, de le lui faire carrément sentir. Ce qui l'obligera à mettre, au moins devant moi, un peu d'eau dans son vin cérébral, par trop capiteux vraiment !

Quant aux seconds—qui appartiennent également à la catégorie des employés futurs de l'administration cochinchinoise—ce sont des jeunes gens fort sociables, spirituels même, et avec lesquels je pourrai, de temps en temps, quand l'occasion s'en présentera, croiser agréablement le fleuret d'un bon mot.

Et cela, dans la suite, ne nous sera pas inutile, pour nous faire oublier, par la vivacité d'un tournoi lingual prolongé, l'austérité générale—pour ne pas dire plus—du menu qui nous sera quotidiennement servi par le maître d'hôtel du bord ; auquel, du reste, maintenant que je suis à l'abri de ses coups, je pardonne bien volontiers, eu égard aux difficultés matérielles de sa situation, le mal qu'il me fit alors souffrir par des procédés de préparation culinaire, qu'à bon droit, cependant, je pourrais ici taxer purement et simplement d'inhumains.

Assurément, ce ne sera pas la quantité qui manquera dans les mets que l'on nous servira ! Il y aura même, à cet égard-là, plus que le nécessaire. Ce sera, plutôt, la qualité! Toujours le même programme, ou à peu près, de plats mal cuits, et de temps en temps faisandés ; dont les réclamations fréquentes que nous ferons contre leur contenu ne pourront arriver à changer la nature, souvent inacceptable. Malheur, donc, aux estomacs délicats ! Malheur, même, aux appareils digestifs solides, qu'un tel régime ne tardera pas à détraquer : encore bien que la mer doive rester presque toujours belle pendant notre parcours, et que l'on ne puisse mettre sur son compte de tels désordres physiologiques !

Il est bien vrai que tout cela peut recevoir plus d'une explication. Que, d'abord, l'alimentation du navire n'étant pas fournie directement par l'Etat, et se trouvant dans les mains d'une spéculation privée, il y a, là, péril forcé pour l'hygiène publique au profit d'une entreprise particulière qui n'a, en elle-même, rien de philanthropique ; qu'ensuite la difficulté — vu la rareté relative, et quelquefois aussi la nature spéciale, des escales de la route—de se procurer, au cours de celle-ci, là, des vivres frais, forcera de se rabattre, en règle générale, sur des conserves, naturellement peu délicates au palais des convives, et, d'ailleurs, presque toujours les mêmes ; qu'en troisième lieu, l'élévation progressive, et bientôt extrême, de la température extérieure devra promptement empêcher plus ou moins, même pour un court espace de temps — voire pour, seulement, quelques heures — la conservation de certaines denrées ; qu'enfin la seule monotonie de la traversée nous rendra plus pénible encore que dans l'état normal des choses, la tolérance continue d'un pareil régime.

Quoi qu'il en soit, nous pâtirons fort de ce côté-là ; et, de plus en plus, à mesure que le voyage s'avancera. Et ce ne sera jamais sans une certaine défiance que nous entendrons sonner, deux fois par jour : à neuf heures du matin et à cinq heures du soir — après le café noir à notre réveil — le clairon qui viendra périodiquement nous convier à ces repas par trop laconiens.

Toutefois, celui par lequel nous débutons ainsi ne nous fait pas, dès l'abord, deviner la nature ultérieure de ceux-ci : soit que, pour leur inauguration, on ait voulu nous mieux soigner ; soit que la répétition continue du même rituel gastronomique ne nous ait pas, alors, encore dégoûtés. Et c'est, l'estomac assez satisfait, que nous allons ensuite prendre l'air et fumer notre cigare — ou autre combustible labial — sur le gaillard d'arrière ; où, pendant toute la soirée, nous resterons à converser et à multiplier, entre nous, les connaissances ébauchées déjà.

Force nous est, cependant, de nous interrompre, à cet égard, un instant, après avoir à peine commencé cette agréable fugue. Car voilà, tout à coup, le clairon qui se met à sonner de nouveau, accompagnant le tambour qui bat aux champs. C'est l'annonce de la prière publique, que l'aumônier du bord—alors aperçu, par moi, pour la première fois—va dire, de sur la terrasse nautique où nous sommes, à tout le personnel du navire, et notamment au gros de l'équipage et de l'armée : à ce rangé, la tête nue, sur le pont inférieur.

Cela ne sera pas long, du reste ! un *Pater* et un *Ave Maria ;* que bien peu de ces fidèles par ordre s'avisent d'écouter. Et c'est tout, pour jusqu'à demain soir, à la même heure : où pareille cérémonie se répétera sans variation ; et ainsi de suite, jusqu'à la fin de la traversée.

Il est bien vrai que, chaque dimanche, le programme religieux est augmenté ; et qu'en outre de la prière de tout à l'heure, une messe basse y est dite, par le même ecclésiastique, dans la batterie inférieure, toujours en face du même auditoire obligé : que grossit, d'ailleurs, alors, celui de quelques passagers pratiquants.

Je doute assez, pour mon compte, que ces courtes cérémonies périodiques—la première surtout — subies avec résignation, il est vrai, par les marins et soldats du bord, comme faisant partie des exercices nautiques à eux imposés par le règlement de celui-ci, mais certainement très peu désirées, et suivies avec une visible distraction, par eux, puissent toucher beaucoup le Très-Haut, et l'engager à répandre ses grâces divines sur des hommes qui, au fond du cœur, ne se donnent même pas la peine de les lui demander.

J'ajouterai cependant—en ce qui concerne, du moins, la prière vespérale susdite—que, comme effet pittoresque, un pareil spectacle, au milieu de l'immensité neptunienne et des splendeurs d'un crépuscule méridional chaudement coloré, ne manque pas, surtout les premières fois qu'on y assiste, d'une grandeur étrange, qui touche de bien près à la sublimité religieuse ou du moins artistique.

Celle-ci finie, nous reprenons, naturellement, notre distraction multiple, un instant suspendue, et la continuons jusque vers dix heures du soir, c'est-à-dire longtemps après l'arrivée de la nuit : tombée vers six heures environ, et presque subitement d'ailleurs, comme cela arrive vers les régions du midi , et d'une façon de plus en plus marquée à mesure qu'on pénètre dans celles-ci.

Mais enfin, nous ne pouvons bivaquer à la belle étoile; et, tout en le regrettant ce premier soir-là, nous sentons la nécessité d'aller essayer, pour jusqu'au lendemain, nos couchettes, ou plutôt nos tiroirs, de cabine.

C'est alors, qu'ayant gagné la mienne, je fais,

pour la première fois, connaissance avec les trois compagnons que je dois avoir, chaque nuit, autour de moi.

Ce sont des officiers inférieurs de marine, alors en voyage vers leurs navires respectifs, qu'ils trouveront seulement à Saïgon. Je n'aurai pas, généralement, à m'en plaindre ; à l'exception, toutefois, d'un d'entre eux : lequel, véritable hydrophile, se permettra continuellement d'épuiser, à son seul profit, la presque totalité de l'eau douce, tant de boisson que de toilette, qui nous est, chaque jour, dévolue, pour notre usage quadruple, à même la provision collective, de ce précieux liquide, procurée et entretenue sans cesse, du reste, par la machine à distiller l'onde maritime, du bord.

Petite misère que celle-là, en définitive ! auprès de celle, bien plus grave et bien plus inextricable, de se tourner, à quatre, dans un pareil réduit, puis de grimper — pour en redescendre aussi péniblement, le lendemain — à l'espèce de perchoir qui m'a été seulement, comme je l'ai dit plus haut, dévolu.

Je m'y hisse, cependant ; et, m'insinuant enfin dans mon dodo d'enfant soumis à un traitement orthopédique, je ne tarde pas, en méprisant stoïquement une pareille torture, à m'endormir, en dépit de tout, d'un sommeil profond.

C'est de bonne heure, néanmoins, que je me

réveille, [sans me rendre, d'abord, un compte exact du lieu nouveau et étrange où je me trouve à présent : moi qui, la veille encore, avais couché sur ce que l'on appelle vulgairement *le plancher des vaches*.

Mais la réalité m'apparaît soudain : et je m'en félicite ! car je me sens désormais acclimaté dans ma résidence présente.

Je me lève donc gaîment ; ou, plutôt, j'essaie de le faire. Car la chose ne va pas toute seule ! Après m'être, hier soir, enseveli, il me faut, maintenant, me désenterrer ; et ce n'est guère plus facile !

Enfin je me risque ! et, profitant de l'immobilité momentanée du voisin d'en-bas, j'appuie un pied—que j'ai, préalablement, tiré à grand'peine hors de ma couchette—sur le bord de la sienne. Puis, de là, je me laisse en entier glisser sur le parquet de la cabine.

Cette fois encore, me voilà, provisoirement, sauvé ; mais non, cependant, délivré de tout embarras, même immédiat.

En effet, il me faut d'abord, maintenant, retrouver mes habits ; qui, à la suite des évolutions successives naguère faites, par mes associés nocturnes, pour se dévêtir puis se placer eux-mêmes dans leurs couchettes respectives, ne sont plus, naturellement, à la place où je les ai laissés la veille. De là, pour moi, de longues investigations; qui, heureusement, à la fin, me réussissent.

Mon honneur pudique ainsi péniblement mis en sûreté, je m'empresse de sortir, le premier, de notre boîte commune, où restent encore à se reposer, dormant ou non, mes trois compagnons; pour, de là, gagner le gaillard d'arrière, et y jouir des premiers rayons d'un soleil qui, lui aussi, vient de s'éveiller.

Mais halte-là! si je ne veux pas, une fois dehors, devenir la victime d'une véritable inondation!

C'est qu'effectivement les matelots — en cela secondés, d'ailleurs, par une escouade de soldats de l'infanterie maritime—sont en train de laver, à grands seaux d'eau de mer, la surface supérieure du navire; qu'ils ont, ensuite, soin de frotter énergiquement avec de gros bouchons de linge grossier. Et, cette opération matinale, ils la répèteront, identique, tous les jours, jusqu'à la fin de la traversée.

Au diable la propreté, quand elle vous balaie de la sorte! D'ailleurs, à quoi bon nettoyer, sur ce plancher extérieur, ce qui est déjà propre, ou sera, en tout cas, de suite à nouveau souillé? Est-ce qu'une ou deux seulement de ces toilettes par semaine ne seraient pas, à cet égard-là, suffisantes pour remplir le but cherché, et assurer, simultanément, au commandant du navire, l'estime *ad hoc* de toute ménagère consciencieuse ?

Voilà ce que je me suis demandé, en ce temps-là, plus d'une fois ; et ce que je me sens encore tout disposé à objecter aujourd'hui, que je réfléchis, à distance, sur les divers incidents de cette navigation pour moi si mémorable.

Mais une observation de cette nature ne changera, naturellement, rien à l'existence d'une pareille habitude. Celle-ci n'est, sans doute, qu'une pure routine. Mais, justement, rien n'est plus fort qu'une semblable chose ! Et comme, d'ailleurs, on la rencontre également sur tous les navires de guerre, et même de commerce — français, du reste, ou bien étrangers — il y a, pour son maintien perpétuel, une sorte de conspiration générale, qui s'opposait forcément à ce que, en ce qui le regardait personnellement, le..... essayât de s'en affranchir.

Au surplus, n'était-ce pas, sur un bâtiment de cette espèce, un moyen, tout trouvé, d'occuper, un instant, le long désœuvrement, sinon des matelots proprement dits, au moins des soldats : leurs auxiliaires à certains égards, comme nous le savons déjà ? Circonstance atténuante, à coup sûr ; mais qui, toutefois, ne m'a jamais semblé suffisante pour justifier un pareil tracas journalier !

Il faut donc, provisoirement, rentrer, en attendant des temps meilleurs; qui, du reste, ne tardent pas à se montrer.

Alors je me précipite, à nouveau, sur le tillac supérieur tant désiré, et m'y trouve bientôt suivi par nombre de passagers, et même de passagères, des deux classes à cet égard privilégiées.

Nous regardons autour de nous.

Rien que la mer ! Sans une vague, du reste, sans même une ride, et ressemblant à une vaste surface d'huile subtile ! Seulement, au loin, quelques voiles de navires, qui bientôt disparaissent !

Cela est imposant, sans doute ! mais promptement monotone. Alors, il faut bien se replier vers le dedans du navire ; considérer, un instant, sur le pont, le campement, et les mouvements divers des soldats, notamment pour y achever leur toilette matinale, puis, les manœuvres, là et ailleurs — surtout dans la mâture — des matelots proprement dits; et, finalement, en revenir à des conversations respectives entre nous autres, qui, à côté de leur charme intrinsèque, nous conduisent encore à des connaissances nouvelles.

On ne marche pas, d'ailleurs, toujours, en les faisant. Souvent on s'assied, soit sur des bancs appartenant au bâtiment lui-même, soit sur des pliants, ou, mieux, des fauteuils articulés, que plus d'un passager a eu soin de se procurer, à terre, pour les transporter et s'en servir sur celui-ci : qui, autrement, n'en possède pas de cette sorte.

De cette façon, tout le monde se connaîtra bientôt, et choisira, par une sorte d'instinct, les compagnons qui lui seront le plus sympathiques. Et, en effet, ce sera, là, l'affaire de seulement quelques jours.

A coup sûr, il est désagréable de quitter brusquement cette causerie matinale à peine commencée, pour aller, à présent, prendre, en bas, sur l'invitation qui nous en est bientôt faite par un de nos garçons de table, une tasse de café; dont le déjeûner proprement dit ne sera, d'ailleurs, distant que de deux heures à peine.

Au surplus, personne n'y est forcé ! et nombre d'entre nous s'en abstiennent, pour continuer à jouir, sans interruption, de ces premières impressions multiples d'une aurore maritime.

Mais, quand l'heure est enfin arrivée du premier repas sérieux de la journée, c'est-à-dire du déjeûner, il en est tout autrement. C'est, cette fois, un devoir de descendre le prendre ; d'autant plus que le second ne sera donné que sept heures après l'achèvement de celui-là. Ce qui, par parenthèse, nous semble déjà un bien long intervalle.

Nous nous rendons donc, tous, au son de la trompette qui, à neuf heures précises du matin, nous y appelle; et prenons part, de la sorte, à une agape qui ressemble fort à notre dîner de la veille.

Puis le gaillard d'arrière nous reçoit encore, et, comme on le sait déjà, cette fois, pour de trop longues heures.

Aussi, dès le premier jour, les conversations ne suffisent plus, alors, pour remplir le temps. Il faut, à cet égard-là, que chacun sache se créer, au besoin, une autre occupation. Aussi, tandis que les uns vont, à cette fin, engager, dans les deux salons respectifs de l'étage inférieur, d'interminables parties de cartes : humectées, d'ailleurs, fréquemment, par les liquides, plus ou moins sophistiqués, de la buvette; les autres, moins prosaïques, dénichent de leur valise quelque livre à ce réservé, et s'embarquent, à ce moyen, dans une lecture plus ou moins soutenue, et souvent plus ou moins distraite : que, les trois quarts du temps, ne tarde pas à interrompre un voyage soudain, du liseur, dans le pays des songes, ou, au moins, du sommeil pur et simple.

C'est encore là, sans doute, que beaucoup de gens, qui cependant n'ont, pour la plupart, jamais entendu parler des douceurs frivoles du *Nirvana* — ou repos éternel des élus boudhistes — savent, en anticipant en quelque sorte sur celui-ci, trouver, en ce monde, la plus grande dose de béatitude qu'ils y puissent rencontrer. En tout cas, c'est, ici, un moyen souverain de tromper l'ennui ; que, sans m'en servir pour mon propre compte, j'y ai vu fréquemment appliqué avec succès, pendant le cours de notre pérégrination nautique, par bon nombre d'entre nous.

Grâce à tous ces expédients combinés, nous arrivons enfin, sans trop d'impatience, pour ce premier jour-là, au dîner : copie—mais inférieure déjà, au point de vue gastronomique — de celui d'hier.

Après quoi : prière, qui déjà commence à agacer ; puis, conversation nicotinée : et, finalement, coucher, de dix à onze heures. Répétition, encore à cet égard-là, de ce qui s'est déjà fait la veille.

Et ce qui a eu lieu, de la sorte, pendant la première journée que nous passons en mer, va se répéter, presque invariablement, chacune de celles que durera la traversée.

Remarquons, toutefois, qu'avec le temps, les sujets d'entretien, même avec la causeuse, si expérimentée, des secondes, finiront par s'épuiser ; que la lecture, de son côté, perdra bientôt de son charme intrinsèque ; que, d'ailleurs, l'augmentation progressive de la température atmosphérique en arrivera sans peine à abattre toutes les énergies ; et que, grâce à tout cela, ce qui ne tardera pas à dominer, au moins pendant le jour, ce sera le sentiment, ou plutôt la sensation, d'une satiété complète de toute chose, et d'une torpeur invincible d'esprit comme de corps.

Il est vrai que, le soir, même à l'apogée d'une semblable crise anéantissante, la vie semblera se réveiller un peu sur notre tillac. Car, à ce moment-là, le soleil aura éteint ses cuisants rayons du jour ; et, d'un autre côté, la lune sera, le plus souvent, venue y substituer, sans en ranimer les feux, sa lueur discrète. Ce sera l'instant de la résurrection quotidienne des corps, et aussi des esprits, naguère encore anéantis par les traits perçants de Phébus. On y verra même, ou du moins on y sentira, quelquefois, Cupidon ressaisir les siens, et en égratigner plus d'un cœur que la torréfaction diurne semblait avoir à jamais engourdi. C'est alors surtout que le lieutenant militaire, d'il y a quelques pages, se remettra à inventorier fougueusement sa ménagère efflanquée ; et son exemple déplorable sera souvent suivi — sur un sujet moins ingrat, du reste — par quelque audacieux de notre bande, trop bien réveillé, lui aussi, et que ne viendra même pas couvrir, à côté des ombres complaisantes d'une obscurité proxenète, l'aile, socialement protectrice, d'un contrat matrimonial en due forme!

Grands dieux! où allons-nous, d'un pareil train? et qu'est devenue cette fameuse discipline du bord, dont on nous parle tant dans la journée? Elle dort, sans doute, elle, à présent; tandis que tant de petits amours ici se dénichent, et, semblables aux moustiques du soir, se mettent, une fois lâchés, à piquer en tous sens ceux qui n'y prennent garde! Et, en fin de compte, les choses se passent chez nous, à cet égard, comme dans le fameux *Tour de ronde*, où la patrouille est indulgente, trouvant tout bien dès que les diverses ouvertures de la place sont bouchées hermétiquement, et ne craignant rien tant que de déranger les gens qui s'amusent sans intention prouvée de blesser l'autorité!

N'ai-je pas, du reste, tout récemment, en me rendant de Liverpool à New-York, vu, pendant toute la traversée, bien mieux que tout cela! Non plus, il est vrai, sur un navire officiel, mais sur un paquebot de la fameuse compagnie anglaise *Anchor line;* où, sans préjudice des exercices de nuit, un triturage organique général s'exécutait sans vergogne, en plein jour, entre passagers et passagères de seconde classe: et celles-ci non seulement passives, mais, le plus souvent, provocatrices et agissantes! De telle sorte qu'un Joseph, s'il se fût trouvé là, y eût forcément laissé bien autre chose que son manteau! Effet physiologique, sans nul doute, tant des émanations salines—par trop toniques, à cet égard, dans cette nouvelle zone, relativement tempérée — que d'une nourriture, de son côté, trop stimulante, sur des natures anglo-saxones; où, sous l'être extérieurement civilisé, il est souvent si facile de retrouver la bête imdomptée.

Ici, du moins, nous n'avons plus qu'un travail nocturne !

Il est vrai qu'il peut, nombre de fois, durer jusqu'au matin. Car, avec la chaleur intolérable qui finira par régner sur nous à compter de Port-Saïd et lorsque nous obliquerons directement vers le sud intertropical, nombre de passagers — couplés ou non, du reste — ne pouvant plus tenir dans leurs couchettes intérieures—où ils étouffent, à la lettre—préfèreront bivaquer, à la belle étoile, sur notre gaillard d'arrière; qu'ils ne quitteront que quand ils en seront chassés par le lavage général de son plancher, à la première pointe du jour suivant.

Cette chaleur, cependant, on aura fait, pendant le jour, sur notre bâtiment, tout ce qui y était praticable pour en conjurer et en neutraliser les principales atteintes : Ouverture constante des sabords et des écoutilles, de manière à favoriser, autant que possible, les courants d'air ; étente, au-dessus de toute la surface supérieure du navire, à quelques mètres seulement de celle-ci, d'une double toile, pour intercepter les rayons du soleil, et en garantir hermétiquement l'équipage et, aussi, les passagers subambulants ; arrosage fréquent—avec de l'eau de mer, bien entendu — de nombreuses parties du vaisseau, et notamment des toiles susdites, surtout au moyen du branlebas d'incendie qui, tous les midis, y est effectué, comme portion intégrante des exercices de la journée ; rien n'est épargné, chez nous, pour adoucir une situation aussi incandescente.

Mais rien, non plus, ne parvient à l'y rendre tant soit peu confortable; encore bien qu'à ces précautions, en quelque sorte collectives, prises par l'autorité même du bord, la plupart d'entre nous en aient ajouté d'individuelles, pour se protéger de leur mieux contre une pareille cuisson. Telles que : vêtements légers; casques en moelle de sureau, contre les coups de soleil imprévus et mortels qui, à chaque instant, nous menacent, même à travers les toiles horizontales tendues au-dessus de nos têtes ; bains, fréquents, d'eau de mer, dans des piscines *ad hoc*, voisines de nos cabines intérieures; et autres palliatifs ayant le même objet. Et, si la torréfaction atmosphérique invincible que nous subissons, de la sorte, en dépit de tous ces efforts réunis, n'arrive pas à nous coucher, tous, sur le carreau, sous le coup d'une insolation ou d'une dyssenterie plus ou moins grave—ainsi que cela arrive, du reste, à plusieurs d'entre nous, et surtout aux soldats, si mal installés et soignés à bord, de l'infanterie de marine — c'est, pour moi, une sorte de miracle; dont, au surplus, j'aurai, personnellement, l'avantage de bénéficier jusqu'à mon arrivée au port de mon débarquement.

A présent que j'ai, de la sorte, présenté, *grosso modo*, et surtout, bien entendu, en ce qui concerne la catégorie de personnel dont je faisais moi-même partie, le tableau d'intérieur, pour ainsi dire, de notre situation à bord, au cours de la traversée, voyons ce qui se passera au-dehors, pendant la durée de celle-ci; ou, en d'autres termes, quels en seront les divers incidents, et, notamment, les diverses étapes, jusqu'à sa terminaison en ce qui me concerne.

A cet égard-là, je serai, du reste, fort bref, et éviterai, surtout, de me lancer, après tant d'autres, dans toutes les banalités auxquelles ont déjà, au cours de nombre de descriptions, donné lieu de semblables itinéraires ; préférant, au point de vue même de l'intérêt du lecteur, me borner, non seulement à ce que j'y ai constaté *de visu*, mais encore à ce que notre voyage a, sous ce rapport aussi, présenté de vraiment nouveau.

Ne craignez pas, par exemple, que je vienne vous rééditer, ici, le millième cliché de la peinture démodée de la Méditerranée, où nous naviguerons d'abord pendant huit jours consécutifs, sans aucune escale intermédiaire ; et vous en décrire, une fois de plus, les flots azurés ou le ciel de saphir ! A quoi cela pourrait-il servir ? Si ce n'est à vous ennuyer d'une inutile redite, et, surtout, à faire, à mon détriment comme au vôtre, le bénéfice exclusif d'un imprimeur qui déjà nous coûte assez cher, à vous comme à moi ?

Ne vous attendez pas, davantage, à ce qu'en y franchissant le fameux détroit de Messine, je m'amuse à vous dépeindre, en particulier, tout ce qu'un semblable passage, entre deux terres aussi célèbres, et en même temps aussi pittoresques, que la Calabre et la Sicile, peut présenter de réellement imposant pour l'heureux touriste admis, comme moi, à l'effectuer dans sa pérégrination maritime. Car c'est encore là un thème connu, qui ne vous apprendrait, sous ma plume, rien de nouveau, et nous retarderait infructueusement dans la route, si longue, que nous avons à parcourir ensemble en ne nous attachant qu'aux points véritablement inédits.

Port-Saïd, lui-même—où nous nous arrêtons, enfin, pour notre première étape, pendant un jour entier, aux fins d'y prendre des vivres frais, du charbon et aussi un pilote qui nous guide sur le canal de Suez; à l'entrée duquel nous sommes ainsi arrivés, et dont le navire paie, d'ailleurs, également là, les droits de passage: montant, pour lui, à une quarantaine de mille francs—ne nous peut retenir ici longtemps, au point de vue descriptif.

Qui ne connaît, en effet, au moins par ouï-dire ou par récit, cette espèce de dépotoir cosmopolite, placé, là, comme un tourniquet à l'entrée d'une galerie payante; et qui ne consiste qu'en une longue rue, flanquée de piètres boutiques européennes, et partant, à l'est, du débarcadère maritime, pour aboutir, vers l'ouest, à une route poudreuse, qu'aucun arbre, dans ce pays sans eau douce propre à en faire pousser, ne vient, d'ailleurs, abriter contre les rayons d'un soleil torride même à l'époque de l'année où nous sommes à présent arrivés?

Il est vrai qu'un kilomètre plus loin, dans la même direction, ce chemin si aride conduit à ce qu'on appelle ici : le *Village arabe*, parce qu'il est, en effet, surtout peuplé de gens de cette nationalité, tandis que les Occidentaux résident tous, en général, dans la première agglomération susdite. Mais l'entassement de cabanes, en planches brutes, et dépourvues de toute espèce de style comme de tout vestige de propreté, que l'on y rencontre, ne ressemble véritablement à rien; et ne saurait, en tout cas, donner la moindre idée de l'architecture, ni même seulement de la bâtisse, orientale : dans le sens, plus ou moins pittoresque, que nous attribuons, généralement, à un semblable adjectif.

Qui ne sait, d'un autre côté, que tout cela n'est, au point de vue ethnologique, peuplé — pour la plus grande portion, du moins — que d'un ramassis, ignoble, de spéculateurs éhontés, d'escrocs de profession et de filles perdues, vomi par tous les égouts sociaux du globe, et qui ne s'est rendu là que pour happer, au passage, les nombreuses victimes que les nécessités de la navigation viennent sans cesse lui amener ?

Qui n'a, par exemple, au moins dans sa pensée, payé, là, visite aux almées syphilitiques dont est bondé le village susdit ? surtout, donné un coup d'œil aux violonistes allemandes qui desservent, en prêtresses artistico-galantes, l'espèce de casino européen qui, dans la ville proprement dite, forme, tout près du débarcadère d'arrivée, une des principales constructions de la rue sus-mentionnée ? et, aussi, risqué—avec perspective, fort probable, de les y perdre sans retour—quelques pièces de cinq francs, à la roulette, si peu rassurante, d'à côté ?

Ce que l'on connaîtrait beaucoup moins, c'est le très restreint bon côté de cette sentine internationale ; et, entre autres, les deux établissements — avec écoles de garçons et de filles, y adjointes ; mais encore, au moment de notre passage, restées désertes à la suite du trouble local causé par la récente insurrection d'Arabi—des *Franciscains de Terre-Sainte*, et des *Sœurs du Bon Pasteur d'Angers ;* entièrement dévoués, les uns et les autres — de même, au reste, que toutes les autres missions catholiques qu'il nous a été, à une époque quelconque, donné de voir en Orient — à l'accomplissement de leur noble tâche.

Ce qui, en tout cas, n'y est pas ordinaire, et dont nous sommes alors les témoins, c'est la présence des forces anglaises ; qui s'y trouvent encore en conséquence dudit mouvement, déjà étouffé, du reste, par la défaite définitive de son promoteur, dans l'engagement de *Tell el Kébir* (en arabe : la grande colline).

Ces forces—composées de deux régiments, vêtus de blanc, et pourvus d'un casque analogue, aux fins de les protéger contre les ardeurs du soleil, si dangereuses, surtout pour des Européens, sous un pareil climat — présentent véritablement — avec la discipline rigide qui, d'ailleurs, les gouverne — un coup d'œil des plus confortables, et contrastant, fort désagréablement pour nous, avec le piteux état de nos fantassins maritimes du bord.

Mais leur venue ici, quelque propre qu'elle soit à ornementer la localité, ne sert pas beaucoup à la policer. Car, sous le nez même de ces guerriers si bien brossés — et dont tout amateur du bibelot fantaisiste désirerait placer quelques spécimens, réduits, sur une de ses étagères—les mauvais coups se continuent, sans désemparer, comme avant, dans ce refuge général du vice interlope. Et, d'un autre côté, aujourd'hui pas plus que jadis, ce n'est pas sur la maréchaussée égyptienne qu'il faut compter pour les empêcher, ni, non plus, pour en faire judiciairement réprimer les auteurs.

C'est ce que tout le monde un peu convenable nous y déclare; et, notamment, un pauvre marchand français, dont on a, la nuit précédente, envahi la boutique d'épicerie, et pillé le comptoir, à deux pas d'un poste de la garde indigène locale.

Car nous sommes, naturellement — sauf les matelots, et aussi les simples soldats; auxquels, de crainte de désertion, ou, au moins, de désordres graves de plus d'un genre, cela a été expressément interdit par le commandant du....., —tous, descendus à terre, surtout les passagers, pour nous y désennuyer un peu de la monotonie du bord, et aussi nous fournir, dans cet entrepôt cosmopolite—en général, si peu respectable, mais, à beaucoup d'égards, très abondamment pourvu — de quelques objets indispensables à notre hygiène sous les chaudes latitudes où nous allons de plus en plus pénétrer, et que nous avons cependant, pour la plupart, négligé de nous procurer avant de quitter la France.

Mais nous ne tenons guère, en général, ni les uns ni les autres, à y prolonger notre séjour. Cela se comprend sans peine : si l'endroit est effrontément immoral — ce qui serait une recommandation pour quelques-uns d'entre nous — il n'a rien de plaisant, on le devine de suite, pour notre grande majorité. D'autant plus que sa privation complète de végétation, et, surtout, celle, déjà signalée, de l'eau douce—qui ne s'y trouve qu'à grand'peine, et s'y paie, forcément, des prix énormes — en font, même au point de vue, purement matériel, de la simple existence physique, une station des plus intolérables dès la première journée de résidence y passée.

Aussi, est-ce avec joie que nous regagnons, bientôt, notre maison flottante, pour nous engager, dès le lendemain matin, dans la coupure maritime artificielle qui constitue le *canal de Suez*.

Je ne l'ai pas encore vu, ce travail tant vanté; ou, du moins, je ne l'ai que très peu et très mal vu, n'en ayant, jadis (en 1879), parcouru que le tronçon d'Ismaïlia à Port-Saïd—et cela, de nuit—pour aller, du Caire — où j'étais naguère venu d'Alexandrie, lieu de mon débarquement provisoire — retrouver, à sa prochaine étape après celle-ci, le navire qui, m'ayant amené de Marseille, devait, finalement, me conduire à Jaffa, et, par suite, en Palestine. C'est donc, là en réalité, pour moi, une chose nouvelle ; dont la célébrité universelle vient, d'ailleurs, elle aussi, exciter au plus haut point mon attention.

Mais, à mesure que, le jour suivant, nous y pénétrons — et ce, avec une lenteur désespérante, imposée à tous les navires qui y passent, pour éviter, tant les collisions entre vaisseaux, que l'effondrement des rives, non encaissées, en général, et formées par un sable sans cohésion : que, dans le canal lui-même, en réalité creusé à même un terrain de cette espèce, il faut à chaque instant draguer, sous peine de prompte obstruction de son lit — mes illusions, antérieures, d'un spectacle à la fois imposant et pittoresque, se dissipent complètement, et font place à une vive déception : que bien d'autres voyageurs que moi, d'ailleurs, ont, sans nul doute, également éprouvée à ce sujet.

Sans doute, au premier abord, il est assez étrange de se voir ainsi transporté, par le moyen d'un navire gigantesque, à travers la terre ferme, sur une sorte de fleuve, où, dans les gares d'évitement, on se croise bord à bord avec des vaisseaux de même calibre—notamment des transports anglais de troupes pour l'Inde ou en venant—dont on peut, de cette façon, inventorier, en passant vis-à-vis, la plupart des détails même intérieurs. D'un autre côté, la vue bilatérale de ce désert sabloneux—et se prolongeant jusqu'à son double horizon, tant africain qu'asiatique — au milieu duquel la civilisation européenne a, de la sorte, tracé, et renouvelle, à chaque instant, son sillon vivifiant, ne manque pas de frapper fortement, au début, l'esprit du voyageur encore inhabitué à de pareilles scènes.

Mais, bientôt, tout cela—qu'il suffit de quelques instants pour contempler—ne tarde pas à vous rassasier pleinement, après vous avoir, de suite, paru défectueux au point de vue de la simple circulation matérielle.

Ainsi, relativement à celle-ci, vous trouvez, immédiatement, bien mesquin ce canal — à une seule voie, pour ainsi dire — dont l'étroitesse excessive empêche, en général, le passage simultané de deux navires au même point de son parcours, et occasionne, d'ailleurs, souvent, l'échouement, ou au moins l'ensablement, de ceux forcés ainsi de s'avancer isolément : ce qui, alors, oblige ceux qui sont restés derrière, ou bien qui allaient à leur rencontre dans une des nombreuses gares d'évitement ménagées le long de ce détroit artificiel, de s'arrêter pour un temps plus ou moins long, jusqu'à ce qu'un remorqueur — absent quelquefois — ait aidé à déplacer l'obstacle. Et ce n'est pas sans maudire maintes fois la lésinerie, mal entendue, de la Compagnie de Suez — qui l'a fait se contenter d'un boyau maritime aussi resserré, pour le service de la double navigation internationale qui s'y opère — que l'on franchit pas à pas, et au risque encore de se heurter, au premier moment, à un arrêt imprévu, le maigre bras de mer nouveau qu'en d'autres conditions on eût, avec toute sécurité, pu parcourir à tire d'ailes.

D'un autre côté, cette immense étendue de la plaine adjacente, toujours la même dans son aspect sablonneux, et qu'aucune végétation comme aucune habitation ne vient — sauf à de très longs intervalles, et seulement, alors, dans les proportions les plus mesquines — un peu varier, finit bientôt, dans sa désespérante et perpétuelle solitude, par vous donner des nausées, et vous faire regretter l'uniformité, bien autrement animée, de la surface maritime.

C'est ce que nous ressentons, en général, ici, pour notre compte. D'autant plus qu'un échouement de la nature ci-dessus mentionnée, qu'a subi le navire qui précédait immédiatement, dans la même direction, celui sur lequel nous sommes, est venu prolonger pour nous le trajet — toujours si long, déjà, dans l'état normal des choses — de la traversée de l'isthme. Grâce, en effet, aux longues heures qu'il nous a fallu y attendre pour la disparition de l'obstacle, à l'aide du renflouement de celui-ci, ce n'est que dans la soirée—au lieu du midi—du jour suivant, qu'après avoir, d'ailleurs, conformément aux règlements du canal dont s'agit, stationné à l'ancre pendant toute la nuit intermédiaire, nous parviendrons à l'extrémité sud de ce dernier.

Enfin, cela est terminé, Dieu merci ! Nous voici, maintenant, devant *Suez*, à notre droite. Mais nous n'y descendrons pas, tout en passant la nuit à l'ancre devant elle. Car nous en sommes, là, à une assez longue distance — deux kilomètres, environ — à cause de notre tirant d'eau, qui nous empêche d'en approcher davantage. Du reste, le..... n'a rien à y faire, qu'à y déposer, au moyen d'une barque, son pilote du canal — désormais complètement franchi—pour en prendre, de même, un autre, avec lequel il fera, en la commençant dès demain matin, la traversée longitudinale de la Mer Rouge.

Me voilà donc entièrement dispensé de vous faire la description, même succincte, de la ville dont est cas.

Elle y eût eu cependant, peut-être, plus de droit que le prosaïque et dégoûtant Port-Saïd, dont j'ai dû précédemment, en m'y arrêtant un instant, vous dire quelques mots. Car, bien plus pittoresquement située que celui-ci, au pied de collines imposantes par les entassements rocheux qui les composent, et au milieu d'un semblant de verdure qui, plus bas, et autour de ses limites occidentales et méridionales, repose agréablement la vue, elle paraît, en outre — au moins du point de vue éloigné d'où nous l'apercevons ici — présenter, dans sa construction générale — bien moins européenne que celle de sa rivale méditerranéenne — un cachet oriental qu'il faut bien refuser, carrément, à celle-ci.

Quoi qu'il en soit, nous ne la visiterons pas; et, après avoir attendu, en face de son gracieux panorama, les premières lueurs du jour suivant, nous nous empressons, à l'apparition de celles-ci, de relever notre ancre, pour nous lancer dans la navigation de la mer susdite ; à l'entrée de laquelle nous nous trouvions, du reste, déjà rendu.

Celui qui va nous y diriger, au moins nominalement—c'est-à-dire le nouveau pilote ci-dessus mentionné—n'est autre qu'un arabe du pays, exerçant depuis longtemps ce métier, et supposé connaître en détail, de façon à nous en garer sûrement, toutes les difficultés des passages maritimes où nous allons maintenant nous engager.

A la rigueur, il est vrai, nous pourrions nous passer, pour cela, de lui. Car la navigation en question, dans un bassin aussi large, absolument parlant, que celui où nous allons entrer, ne présente rien de particulièrement difficile; et, assurément, notre commandant — ou bien son second — pourrait facilement s'en tirer tout seul : comme le font à présent, de leur côté, les capitaines des *Messageries maritimes* françaises, par exemple, qui, depuis longtemps déjà, n'emploient plus ces coûteux et inutiles auxiliaires. Mais que voulez-vous, il faut ici, une fois de plus, même sous le régime émancipateur de la République, compter avec une tyrannie qui survit, chez nous, à toutes les royautés, à savoir : celle de la routine, que nous verrons, je le crains, régner encore longtemps dans nos domaines officiels !

Enfin, s'il ne sert guère, il ne nuira pas non plus, sans doute! Et c'est sous la conduite apparente de ce musulman—qu'Allah ne saurait abandonner par cela seul qu'il va chercher, moyennant salaire, à aider, ainsi, des infidèles — que, notre ancre arrachée, nous nous ébranlons pour nous avancer, d'abord, dans ce qui s'appelle, en arabe : *Bahar Suez* (en français : *mer de Suez*); ou branche ouest de la bifurcation maritime qui, en y formant la péninsule du Sinaï, termine, au nord, le fameux *Bahar el Hidjaz* (la *mer du Hidjaz*, ou de la portion maritime de l'Arabie qui renferme les villes saintes de Médine et de la Mecque) : c'est-à-dire ce que l'on nomme, depuis longtemps, dans le langage vulgaire occidental—sans, du reste, trop savoir pourquoi — la *Mer Rouge*.

Ici, le voyage va devenir, au début surtout, bien plus intéressant que pendant la traversée du canal sus décrit. Car, outre la restitution, à notre navire — qui, dans celui-ci, ne faisait plus que six nœuds environ, ou deux lieues et demie à peu près, par heure—de sa vitesse première—du double, en général—le paysage terrestre, que nous serons, d'ailleurs, longtemps sans perdre de vue, ni d'un côté ni de l'autre, y va désormais présenter — notamment par les montagnes rocheuses dont il est respectivement garni — à chaque instant, pour ainsi dire, quelque chose de pittoresque et même de grandiose; dont les souvenirs historiques viendront, du reste, aussi, presque constamment, rehausser l'intérêt naturel.

Ainsi ne nous trouvons-nous pas, d'abord — au moment même où nous venons de nous mettre en route—à l'endroit qui, jadis, a vu passer à sec les Israélites, leurs anciens serviteurs, au nez des Egyptiens stupéfaits, et bientôt après submergés dans leur poursuite imprudente de ces bohémiens sacrés ; qui, de la sorte, se sauvaient après les avoir — assez malhonnêtement, semble-t-il — dévalisés de leurs plus précieux bibelots?

L'aumônier du bord le prétend, du moins. Mais, outre qu'il n'y assistait pas lui-même, il ne peut s'empêcher d'avouer que le procès-verbal d'une pareille fuite miraculeuse des maraudeurs, et aussi d'une telle débâcle—aussi singulière, à coup sûr — des exploités, étant depuis longtemps adiré, les doutes sont actuellement excusables, jusqu'à un certain point, chez les gens difficiles, sur l'emplacement exact de l'endroit géographique où le tout s'est, jadis, produit.

Peu importe! c'est là, probablement, ou dans les environs. Alors, pourquoi tant chicaner sur des vétilles, dignes, tout au plus, d'un employé méticuleux du cadastre? et se priver ainsi, volontairement, de l'impression poétique que l'on peut, en se prêtant à une semblable supposition traditionnelle, si aisément se procurer?

En tout cas, ce qui ne peut être discuté — toujours d'après ledit aumônier; qui, ici du moins, se trouve appuyé par la terminologie locale — c'est que, un peu plus loin, sur le rivage de gauche, c'est-à-dire de la presqu'île sinaïtique, le bouquet d'arbres que l'on aperçoit en bas des montagnes énormes et nues qui, là, forment le fond du tableau, c'est la *fontaine de Moïse* (ou *Aïn Mousa*, en arabe moderne): jadis créée, par la puissance magique de ce pourvoyeur sacré, pour désaltérer, *subito*, le peuple asséché dont il s'était constitué — par mandat suprême — à travers le désert cispalestinien, le cicérone dévoué, bien que, souvent, par lui, bien mal récompensé de tous ses tracas divers.

Ce que l'on a, effectivement devant soi, en se tournant vers la rive asiatique, n'est autre chose qu'une portion de ce désert lui-même; qui, vers le sud, s'y étend jusqu'à la naissance première du golfe secondaire où nous voguons en ce moment pour ne le pas quitter avant la fin de la journée.

Et cet océan de montagnes entassées et chauves qui, là, le constituent, en partant presque immédiatement, à l'aide de leurs contreforts adoucis, du rivage subjacent, c'est ni plus ni moins que la chaîne énorme du *Sinaï* — le *Djebel Mousa*, ou *montagne de Moïse*, des Arabes locaux — dont le pic le plus élevé—que, du navire, nous apercevons fort bien — ne serait autre que le fameux pied à terre d'où le Très-Haut, consentant pour un instant à perdre cette qualification supérieure, aurait dicté, à l'éminent drogman ci-dessus déjà mentionné, pour, qu'en qualité de secrétaire *ad hoc*, il les consignât dans ses archives lapidaires, les fameuses et magnifiques ordonnances que l'on sait. Ordonnances destinées, en principe, à l'édification perpétuelle du troupeau alors conduit par celui-ci; et que, néanmoins, ledit troupeau — en réalité, peu né pour la vertu — devait bientôt, en se soustrayant à une aussi ennuyeuse sanctification, traiter avec cette indifférence — respectueuse sans doute, mais, en réalité, fort peu flatteuse pour l'objet par elle atteint — que la foule du vulgaire accorde, partout, aux souvenirs divers recueillis et collectionnés dans une galerie d'antiquités nationales.

Mon Dieu, oui! Et, ici, il n'y a pas à barguigner! car la tradition, tant islamique que judaïque et chrétienne, s'est, de tout temps, pour ainsi dire, fixée et accordée sur un semblable emplacement; et la science moderne serait, ma foi ! si elle s'en avisait par hasard, bien mal venue à vouloir ébranler — probablement dans l'unique but de tracasser le pauvre monde, au profit de l'infime minorité des dissecteurs historiques — une foi si opiniâtrement établie !

Croyons donc, fermement, que c'est bien là le Sinaï biblique — avec l'*Horeb*, pour compagnon contigu : très facilement perceptible, aussi, de l'endroit d'où nous sommes—et réjouissons-nous en ! En effet, surtout avec un semblable souvenir, la vue en est des plus imposantes, et le devient, d'ailleurs, davantage encore, à mesure qu'on s'en rapproche en s'avançant vers le sud ; pour, finalement, dépasser ces célèbres géants montagneux, et entrer, au bout de cette sorte de vestibule maritime, dans le bassin proprement dit de la Mer Rouge.

Nous y voilà de la sorte arrivés, après avoir passé successivement devant un aussi intéressant panorama de la rive asiatique ; que, du reste, est bien loin d'égaler en splendeur, et surtout en importance historique, celui du rivage africain : par nous également longé, à notre droite, dans le parcours préliminaire sus décrit.

Désormais nous allons, en poursuivant notre route vers le midi, continuer à passer entre des terres qui ne sont pas non plus, tant s'en faut ! à dédaigner pour le touriste pourvu de la dose requise, non seulement de curiosité naturelle, mais encore de connaissances tant géographiques qu'historiques, générales.

En effet, pendant quatre ou cinq jours, nous aurons continuellement, à notre droite, la côte d'Egypte, et à notre gauche, celle d'Arabie ; avec leurs découpures si curieuses, leurs montagnes si imposantes, et, aussi, leurs villes du littoral, dont plusieurs ont — surtout pour cette dernière — acquis depuis longtemps un si vaste renom.

Malheureusement, de tout cela, nous ne verrons rien, ou du moins presque rien : sauf à la sortie terminale du Golfe Arabique (nom scientifique, actuel, de la Mer Rouge); où, pour franchir le détroit de Bab el Mandeb — par lequel elle s'opérera—nous passerons, nécessairement, près des deux rivages opposés, dont le rapprochement momentané — et, d'ailleurs, imparfait — le constitue.

Car, pendant quasi toute la traversée, c'est loin de celui-ci, des deux côtés, qu'en gardant, presque toujours, la ligne médiane de la mer qui actuellement nous porte, à égale distance, ou à peu près, de son double rivage. nous ne cesserons de naviguer ; et, à ce moyen, nous perdrons, pour ainsi dire constamment, la terre de vue.

C'est vraiment grand dommage pour la curiosité, qui se trouve ainsi—tout naturellement, du reste—sacrifiée complètement à une plus grande sécurité de la navigation !

Il faut bien s'y résigner, pourtant ! Mais on ne peut en le faisant, s'empêcher de grommeler : que, puisqu'on a emmené avec soi un pilote de luxe, il devrait bien—comme sa présence est, d'ailleurs, inutile à notre salut nautique—servir à quelque chose d'autre, et nous procurer, de temps en temps, l'approche de l'un ou de l'autre de ces rivages latéraux, dont nous connaissons fort bien l'existence, relativement voisine de nous, et que, cependant, nous ne pouvons, de la sorte, presque jamais arriver à distinguer et surtout à contempler d'un peu près.

Si, encore, la température extérieure venait, par sa modération plus ou moins complète, compenser, en confortable atmosphérique, ce regrettable état de choses au point de vue du pittoresque itinérant, et, en tout cas, ne pas le compliquer trop, par sa nature véritablement excessive !

Mais, malheureusement, sous ce nouveau rapport, nous nous trouverons, ici, encore plus à plaindre que sous le premier.

Effectivement, surtout depuis que nous sommes entrés dans le bassin proprement dit de la Mer Rouge, nous nous trouvons dans une véritable fournaise, produite par la réverbération d'un soleil torride, non seulement sur ses eaux elles-mêmes, mais encore sur l'encadrement escarpé et dénudé de ses deux rives est et ouest : si rapprochées l'une de l'autre, d'ailleurs, principalement quand on tient compte, de son excessive longueur.

Désormais on ne respire plus, on suffoque dans cette atmosphère de feu, quelque précaution que l'on emploie pour s'en garantir ! Nous sommes, là, tombés dans une véritable poële à frire, où nous jouons le rôle de poissons qui seront bientôt bons à déguster. Oui, c'est bien là la Mer *Rouge*, dans un certain sens de l'adjectif ! Rouge comme un brasier incandescent ! Rouge comme la lave qui vient de sortir d'un volcan embrasé !

Mon Dieu ! que devenir pendant le jour, où le soleil, qu'aucune brise n'y vient rafraîchir, nous darde de ses feux impitoyables, à travers tous les isolants dont nous avons la naïveté de chercher à nous protéger ! Que devenir, aussi, pendant la nuit, où la chaleur acquise de la sorte se perpétue sans presque aucune atténuation; et même se combine, alors, avec une humidité moite, qui nous apporte, dans nos couchettes baignées par sa buée torride, un supplice intolérable de plus !

Si l'on parvient donc, en dépit de pareilles conditions hygiéniques, à dormir dans celles-ci, c'est que l'on a, pour le sommeil, une vocation toute providentielle ; ou, plutôt, que l'on finit par perdre le sens, sous l'action d'un véritable étouffement. Et le réveil, dans de semblables circonstances, vous trouve encore plus fatigué que vous ne l'étiez la veille.

Le mieux est, alors, de coucher sur le gaillard d'arrière. A moins qu'on n'y redoute — et avec quelque raison — les cruelles ophthalmies, et aussi les dangereuses dyssenteries, que peut causer, aux dormeurs en plein air, l'épaisse rosée qui, vers le milieu de la nuit, commence à se répandre — pour ne la quitter qu'au retour du soleil — sur la surface de la mer, et, par suite, sur celle du navire, qui ne s'élève guère au-dessus de la sienne.

Rien d'étonnant, donc, à ce que, surtout dans les traversées de l'été, de fréquents décès de passagers, et même de matelots, soient le résultat direct d'une semblable situation atmosphérique.

C'est le cas, ou jamais, d'aller vite en navigation, et de sortir, à toute vapeur, de ce poëlon chauffé à blanc. Et c'est aussi ce que l'on essaie, ici, de faire, en redoublant l'activité de la machine; qui, malgré cela, ne nous fera pas atteindre, avant quatre journées mortelles, le détroit libérateur : au-delà duquel — bien que nous devions, alors, nous trouver plus près de l'équateur — nous pourrons, au moins, nous mettre à respirer une température qui aura cessé d'être, comme celle-ci, véritablement meurtrière.

Eh bien! c'est en plein dans cette marmite enflammée, que vient, tout à coup, m'incomber, de par la perfidie d'un sort malencontreux, une tâche délicate en elle-même, et que de telles circonstances climatériques doivent, nécessairement encore singulièrement aggraver

Voici ce dont il s'agit :

Quelques jours auparavant, le planton d'un des officiers d'infanterie de marine en activité de service, avec nous embarqués, a, tout en rangeant la chambre de celui-ci, pour en compléter le nettoyage banal quotidien, eu la mauvaise idée de fouiller dans le sac de voyage de son maître, et d'y prendre cinq cigarettes de tabac, pour les approprier à son usage personnel.

Assurément le crime n'est pas gros! et sa victime, elle, n'eut jamais songé à le faire poursuivre!

Malheureusement, la chose a été vue par un tiers indiscret, qui s'est empressé de la divulguer, et l'a fait, ainsi, parvenir jusqu'aux oreilles du commandant du navire : notre souverain, à tous.

Celui-ci — féroce, comme nous l'avons vu, sur la discipline diurne du bord, et la croyant, de cette façon, outrageusement violée ; voyant même, dans un pareil fait, quelque minime qu'il fût en réalité, un véritable vol, digne d'attirer, sur son auteur, toute la sévérité d'une juridiction répressive proprement dite — ne croit pas pouvoir se dispenser, surtout au point de vue de l'exemple, de saisir le *Conseil maritime* du bord, de la connaissance du cas délictueux ainsi parvenu à ses oreilles indignées.

De là, un dimanche soir, annonce, pour le lendemain, à onze heures du matin, de la tenue, dans le carré des officiers — déjà précédemment décrit — en présence de tout l'équipage, tant nautique que militaire, du bord, et aussi des passagers qui désireront y assister, d'un conseil de cette nature — composé d'officiers du navire, et présidé par leur chef hiérarchique commun — pour statuer solennellement sur une pareille vétille ; qui, quelque insignifiante qu'elle soit, en réalité, n'en attirera pas moins, en cas de condamnation, à celui qui l'a commise — en dépit des excellents antécédents de ce dernier — de par les dispositions impératives du Code pénal maritime, une peine, minimum, de six mois de prison : sans préjudice du déshonneur social, indélébile, naturellement attaché à une sentence de ce genre.

Que cette nouvelle soit généralement bien accueillie par le personnel du navire, c'est ce qui ne paraît guère. En réalité, tout le monde — y compris même l'ensemble des juges futurs du prétendu méfait, à la seule exception de leur inflexible chef — critique tout bas, et quelque fois même tout haut, une semblable résolution officielle. D'autant plus qu'une répression purement disciplinaire aurait, assurément, pu — sans que la justice proprement dite s'en mêlât — suffisamment réprimer une aussi faible peccadille.

Mais celui qu'elle dérangera le plus — en dehors, bien entendu, de l'inculpé — sera, sans contredit, votre serviteur ; qui apprend, en même temps, que celui-ci — depuis quelques jours déjà mis aux fers dans la demi-batterie d'en bas — vient de lui confier, à raison de la profession d'avocat que le premier exerce en France, la mission, inopinée, d'aller le défendre devant la juridiction de la sorte improvisée.

Refuser, serait moralement, pour moi, de toute impossibilité. Mais, d'un autre côté, l'accomplissement d'une semblable tâche — avec si peu de temps pour la préparer, un endroit si incommode pour conférer préalablement avec le prévenu, et, surtout, une température aussi intolérable que celle ci-dessus dépeinte — constitue, par le fait, dans mon existence maritime actuelle, déjà si pénible à supporter depuis quelques jours, une véritable crise aiguë.

Il faut bien s'en tirer, cependant! et le moins mal possible! C'est ce que je m'efforcerai de faire.

La cause prête puissamment, du reste, il faut en convenir, au dévouement d'un défenseur. Et le mien est tout acquis au prévenu, quand, après le déjeûner des passagers, nous nous présentons, lui et moi, au milieu d'une nombreuse assistance tant féminine que masculine, devant l'auguste aréopage chargé de prononcer sur l'affaire.

Là : des témoins déposent à l'appui de l'accusation, mais, il est vrai, d'une façon passablement embrouillée; d'autres viennent, du moins au point de vue moral des antécédents de l'accusé, donner un coup d'épaule à celui-ci; le rapporteur, ensuite, conclut — sans aucun développement, du reste — à l'application de la peine; puis je plaide l'acquittement, en me basant sur la futilité de la chose soustraite, comme sur le caractère général du prévenu, excluant chez lui l'existence d'une véritable intention criminelle. Le tout, en moins d'une demi-heure de temps.

Bref, le pauvre patient est, facilement, relaxé ; et cette affaire de tabac se dissout en fumée : comme on s'y attendait bien, d'ailleurs.

Ouf ! Nous voilà heureusement quittes de cette mauvaise passe, dont tous, public comme acteurs — ceux-ci, surtout, bien entendu — nous nous retirons baignés de sueur ; encore bien que, pendant toute la durée de cette mémorable séance, un *Pankha* (de l'hindoustani : *Pankh*, aile) — sorte de long éventail horizontal, formé d'une étroite bande d'étoffe tendue sur une tringle, elle-même suspendue, par des cordons, au plafond d'un appartement, et agité, à l'aide d'une longue corde, par un serviteur *ad hoc;* et que nous retrouverons, bientôt, dans tous les intérieurs importants de l'Inde, même dans certaines églises chrétiennes y bâties — n'ait désemparé de son mouvement rafraîchissant, au-dessus de la salle où se passait cette petite scène judiciaire,

Tout le monde est, naturellement, satisfait, du moins en général, de cette délivrance si bien réussie. Le prévenu de tout à l'heure est, particulièrement, enchanté, et me remercie avec effusion ; encore bien qu'il ne soit pas, pour cela, tout à fait quitte, et ait été, par le Conseil même qui l'acquitte, administrativement condamné à quelques jours de prison disciplinaire.

Maintenant, après la pièce sérieuse, vient, bientôt, pour nous révolutionner à nouveau, la comédie burlesque; et cela, toujours pendant que nous nous trouvons encore sur les eaux bouillantes de cette mer, qui ressemble plutôt à une vaste timbale de plomb fondu qu'au réceptacle ordinaire d'une nappe d'eau marine.

C'est le naïf maître d'école dont nous avons plus haut raconté la curieuse situation conjugale, qui va nous la fournir.

Il a, un soir, comme d'usage, ramassé sous clef, dans leur cabine commune, sa trop sociable moitié; et, quelques heures après, il se met en devoir d'aller l'y rejoindre, quand il s'aperçoit, tout à coup, de la perte, du moins momentanée, du petit morceau d'acier qui devait, en tournant le pène de la serrure, le remettre en présence et en jouissance de sa nue propriété vivante. Que faire? et comment rejoindre désormais, à travers ces planches inflexibles, sa colombe captive, qui, de l'autre côté de la clôture, ne peut répondre que par des soupirs plaintifs, aux efforts infructueux faits, du dehors, par son impuissant époux, pour arriver à résoudre cet insoluble problème?

La situation est, assurément, critique! et elle le devient bien plus encore quand le public du navire, averti bientôt de ce qui se passe, et croyant, d'abord, à un flagrant délit intérieur, accourt, de plus en plus nombreux, et se masse autour de l'époux infortuné, en lui offrant—bien moins sérieusement que dérisoirement, d'ailleurs—toutes les consolations inefficaces qu'une semblable occurence est de nature à suggérer.

Enfin l'autorité du navire croit à propos de s'en mêler. Un forgeron est appelé, et, grâce à lui, Vénus — que, du reste, Mars, en fait, n'accompagnait pas alors—peut sortir de son filet, et être rendue à son Vulcain.

Celui-ci, plus confus qu'elle—dont les attraits, médiocres plutôt encore que modestes, n'ont fait que gagner à l'émotion physique d'une semblable équipée de son conjoint—promet, alors, solennellement, en face de tous les loustics présents, de ne plus jamais, coûte que coûte, recommencer à cadenasser sa moitié. Elle aura, désormais, comme tout le monde, la permission de dix heures, voire même de minuit ; et nous savons, d'avance, qu'elle ne manquera pas d'en user.

Mais tout cela ne fait pas, en définitive, notre compte ; et le grotesque lui-même ne saurait nous empêcher de continuer à protester, de toutes nos forces, contre l'intolérable extrême de notre situation atmosphérique. C'est donc avec un véritable sentiment de libération que nous apercevons enfin, puis, bientôt après, franchissons — en passant tout près de l'île anglaise de *Perim*, et des débris de plusieurs navires coulés ou échoués dans ces dangereux parages, les deux jetées naturelles, flanquées, l'une et l'autre — tant du côté de l'Asie, que de celui de l'Afrique — de rocs pittoresques et dénudés, qui, par leur rapprochement voisin, mais incomplet, cependant, entre ces deux continents, forment, là, le fameux détroit de *Bab el Mandeb* (expression arabe signifiant, en français : *porte des lamentations*, et faisant, sans doute, allusion aux nombreux naufrages arrivés dans les environs de ce dangereux passage).

Enfin nous voilà, maintenant, sauvés! Nous respirons! Et, ainsi parvenus dans l'Océan Pacifique, nous n'avons plus, jusqu'à Colombo, du moins, où je débarquerai, et que nous allons gagner, désormais, en nous dirigeant de l'ouest à l'est — sans nous avancer guère davantage vers le sud — à redouter l'insupportable cuisson qu'il nous fallait naguère constamment subir.

Pourtant nous allons, bientôt — pour un instant, du moins — nous approcher encore, par contact, d'un fourneau solaire beaucoup trop allumé, et où, chaque année, plus d'un infortuné voyageur a, de tout temps, senti fondre sa cervelle, et, ainsi, perdu la vie.

Effectivement, nous abordons, le lendemain même de notre passage du détroit, sur la côte sud de l'Arabie, au poste anglais d'*Aden;* où nous devons stationner, pendant une journée, pour y renouveler. encore une fois, notre provision de combustible maritime.

Grand Dieu! les pittoresques rochers que ceux qui surplombent le port incandescent de *Steamer Point* (en anglais : l'*endroit des navires à vapeur*); où l'on débarque, de ceux-ci, à l'aide de bateaux indigènes manœuvrés par des *Somalis*, de la côte, voisine, d'Afrique : presque nus, et au corps bronzé, en même temps qu'à la chevelure crêpue et enduite d'une poudre blanche, la faisant ressembler à la perruque d'un marquis de l'ancien régime!

Puis, là, quel curieux assemblage, sur le rivage et aussi sur les hauteurs adjacentes, d'établissements européens — non seulement anglais, mais internationaux — tant publics, que privés, y compris : parmi les premiers, le consulat de France, sis sur la grande place devant laquelle on prend terre, et construit, comme eux tous, à l'occidentale, mais avec des modifications locales de nature à y permettre, par une aération continue, de se protéger un peu contre la fournaise extérieure; et, parmi les seconds, ça et là, plusieurs boutiques remplies de produits de l'Europe, bien que tenues par des négociants *Parsis*, à la robe de coton blanc, et à la haute mitre en toile cirée, y venus, de Bombay, leur patrie actuelle, pour y exercer, aux dépens des natifs comme aussi des voyageurs étrangers, les talents commerciaux dont cette race, jadis *Persane*, de sectateurs de Zoroastre, et d'adorateurs du feu — ou, plutôt, de l'or — a, partout, donné tant de preuves.

Ce n'est pas qu'ici déjà, l'élément purement indigène — c'est-à-dire arabe du pays — ne se rencontre déjà, non seulement à l'état de passants de cette race, qui y sont nombreux, mais encore à celui d'habitants proprement dits, qui y occupent tout un quartier de maisons basses — ou, mieux, de huttes en terre — sis auprès et à l'est de la place susdite. Mais c'est, naturellement, plutôt ailleurs que dans cette localité nouvelle — créée, tant au point de vue commercial qu'au point de vue militaire, par les efforts du gouvernement britannique — qu'il faut aller le chercher; et, par exemple, dans la ville, native, d'*Aden* proprement dit, dont nous allons parler tout à l'heure.

Celle-ci, du reste, n'est pas loin, à deux kilomètres de là, tout au plus, derrière la barrière montagneuse qui, du côté du nord, sert de fond—et, en quelque sorte, de paravent—à cette première et cosmopolite agglomération; et, pour s'y rendre, on a, à sa disposition, tout à la fois : une excellente route, établie par des ingénieurs européens, et de nombreuses calèches sur ressorts, qui, sous la conduite d'un cocher indigène, vous y amènent en moins d'une demiheure de temps.

Que ce court trajet est intéressant, du reste, et, même, véritablement merveilleux! lorsque, après avoir, à partir de Steamer Point, un instant suivi, vers l'ouest, le rivage de la mer, il s'élance, au nord, à l'assaut des montagnes susdites, en y traçant maints lacets que termine, à leur sommet, une sorte de tunnel, muni d'une porte que gardent des sentinelles anglo-indiennes, et au-delà duquel le chemin, se continuant, redescend, de la même façon, sur l'autre versant de ces hauteurs dénudées, jusqu'à ce qu'il aboutisse à la ville native susdite; dont la vaste étendue remplit, en largeur, toute la vallée sise entre la chaîne rocheuse que l'on vient ainsi de franchir et une autre analogue, mais plus haute encore, située vers le nord, parallèlement à la première, et où ont été pratiquées les fameuses citernes dont nous allons bientôt dire un mot.

Voilà bien de quoi, déjà, vous récompenser de votre légère fatigue, et même de la chaleur extrême, comme de l'épaisse poussière, qu'il vous aura fallu absorber en route. Les singularités géologiques du parcours, surtout l'admirable panorama double, qu'arrivé au tunnel susdit, vous avez, tant du côté de la mer, que de celui, opposé, de la ville native d'Aden — s'étendant, à vol d'oiseau, au milieu du cirque, presque continu, des hauteurs rocheuses qui l'enserrent — valent, assurément, bien mieux que cela, et en indemnisent plus qu'à souhait.

Mais quel spectacle curieux, encore, que celui de l'intérieur de la cité susdite, elle-même, quand nous y avons une fois pénétré! C'est bien, là, une agglomération arabe pur sang, sans autres constructions étrangères qu'une caserne britannique, deux églises chrétiennes, l'une protestante et l'autre catholique — cette dernière desservie par des capucins français, et dépendant du vicariat apostolique, africain, des *Gallas* — un temple parsis, et, aussi, un sanctuaire indou, pour les *Banians* (de l'hindoustani : *Bania*, négociant) de Bombay, appartenant à la secte, quasi boudhique, des *Jainas*, qui sont, eux aussi, venus, comme commerçants ubiquistes, exploiter ce pays pour ainsi dire international. On y trouve donc, à satiété, de la couleur locale, en fait de bâtisses, et, aussi, en fait d'industrie et de négoce journalier; principalement dans les rues à ce destinées, et dont l'ensemble constitue, là, comme dans toute ville orientale, ce que l'on appelle : le *bazar* (d'un mot persan, signifiant *marché*) de l'endroit. On en trouve, en outre, abondamment, en fait de population, ou : les *Arabes* et les *Juifs* du pays, avec leurs traits sémitiques accentués, et leurs vêtements bariolés, en étoffes légères artistement drapées; les *Parsis*, déjà précédemment décrits; et les *Banians* indous, susdits, avec un costume analogue à celui de ceux-ci, sauf la coiffure, qui, ici, consiste en une sorte de léger turban blanc aplati — ces deux dernières races, aux figures presque européennes, et que nous décrirons plus amplement une fois arrivés dans l'Inde, à laquelle elles appartiennent en propre — se côtoient, partout, de façon à former — en proportions diverses, il est vrai — la mosaïque humaine, asiatique, la plus variée, comme, aussi, la plus vivante.

Il fait donc bon ici, à bien des points de vue, pour le touriste nouvellement débarqué ; surtout s'il a le temps de compléter son excursion dans la ville indigène susdite, par une visite en dehors, mais tout près d'elle — de l'autre côté de la vallée, et sur le versant des montagnes la limitant du côté du nord—aux fameuses *citernes* déjà mentionnées, creusées artificiellement dans celles-ci, et qui seraient, effectivement, un des plus merveilleux ouvrages de la science hydraulique, si, malheureusement, elles ne restaient, presque continuellement, dépourvues de l'eau dont elles étaient, en principe, destinées à approvisionner constamment la ville en question.

Car une sécheresse perpétuelle, ou à peu près — due, sans doute, à la réverbération, implacable et constante, d'un soleil de feu, sur ces rocs éblouissants — voilà, pour les habitants desséchés de cette aride localité, le hideux revers de la médaille; et, pour l'ensemble de la station d'Aden, le véritable fléau de cette contrée maudite par Jupiter Pluvius, où il ne tombe presque jamais de pluie, où il n'y a pas une seule source, où, par conséquent, il ne pousse pas la moindre végétation, où l'eau que l'on boit n'est que celle de la mer, artificiellement distillée, et où, d'ailleurs, par elle-même, la chaleur atmosphérique est, presque invariablement, assez forte pour rendre, non seulement intolérable, mais encore des plus dangereux à la santé, notamment des Européens, le séjour — et, même, le simple passage — sur ce point, desolé, du monde ultrà oriental!

La situation stratégique et commerciale, tout à la fois, de ce point géographique, devenu, si important aujourd'hui, a donc seule pu, en y attirant, de tout temps en quelque sorte, les puissances maritimes occidentales — et, en dernier lieu, celle de la Grande-Bretagne — comme dominatrices militaires, en même temps que le négoce international de tous les peuples qui, de l'Europe, pénètrent, avec ce dernier but, dans l'extrême Orient — et *vice versâ* — lui donner sa raison d'être historique, et lui créer l'existence politique complexe — en résumé, purement factice — que nous lui voyons actuellement. Dieu veuille, pour ses malheureux habitants, que la récente acquisition faite par l'Angleterre, à l'ouest de la ville arabe susdite, d'un village voisin, où se trouve une source d'eau vive et, par suite aussi, un bouquet de gracieux palmiers, vienne bientôt, en leur permettant d'approprier celle-ci à leur usage personnel, alléger un peu leur supplice tantalesque; sans jamais pouvoir, bien entendu, le supprimer en entier!

Quant à nous, passagers du......., qui y avons un instant mis pied, pour nous en donner un coup d'œil général, au risque d'une insolation meurtrière — à laquelle, heureusement, nous échappons— nous nous hâtons, au bout de quelques heures de séjour sur ce sol de feu — où la France laissait, alors, impitoyablement cuire un fort aimable consul — de regagner notre navire; sur lequel la situation, sans être, même à présent, tout ce que l'on peut désirer, est, à coup sûr, bien plus tolérable qu'à terre.

Malheureusement, en quittant, bientôt après, cette escale maritime, nous ne tardons pas à nous apercevoir qu'à notre passage par elle, on a mis, chez nous, le loup dans la bergerie ; et, qu'à côté du combustible nouveau qui continuera de faire marcher le navire, on y a fait entrer un corrosif qui va menacer de le gangrener pour longtemps.

Effectivement, nous y avons pris, comme passagère, gratuite, de troisième classe, une recrue féminine française, dont la profession, toute spéciale, ne se laisse que trop facilement deviner, même au premier coup d'œil.

Frisant la quarantaine, et invalide médaillée de Cythère, où elle a longtemps servi et reçu de nombreux horions dont elle porte, même extérieurement, les cicatrices embarrassantes, elle n'a pas, pour cela, renoncé à toute campagne érotique ; et elle ne demande pas mieux que de persévérer toujours — ne fût-ce que pour s'entretenir la main — à parcourir ce champ de roses-pompon où elle s'est, pourtant, si souvent piquée.

C'est ce qu'elle vient de faire à Aden ; dont le soleil ardent, joint à quelques études locales *de visu*, imprudentes dans leur consciencieuse pénétration, a, naturellement, achevé de développer en ses veines les sucs trop généreux, et trop négligemment filtrés par le carabin Mercure, qui s'y trouvaient déjà si authentiquement constatés; et elle y a même, en ce genre, et grâce à ceux-ci, rendu, à la population européenne, — surtout à sa partie militaire — des services si nombreux et si difficiles à effacer, que l'administration locale, finissant par être embarrassée d'une aussi active mission, et préférant, en résumé, voir cette propagandiste, ultrà zelée, aller exercer, sur un plus large terrain, son apostolat faisandé, lui a fait procurer, dans notre malheureux véhicule nautique, un passage gratuit; qui, en en privant désormais Aden — ainsi suffisamment évangélisé par elle — finira, dans une quinzaine de jours, par la déposer sur la plage et dans les murs de Saïgon. Là, paraît-il, on a plus besoin d'elle; et, du reste, son immixtion dans les agissements publics — notamment dans ceux relatifs à l'armée — y pourra se trouver, au besoin, discutée par l'autorité de l'endroit.

Et c'est ce qu'elle verrait, aussi, avec un plaisir né de sa vocation, bien caractérisée, pour cette sorte de fonction, s'accomplir à bord même, et au profit de la partie la plus sociable — ou, au moins, la plus galante — des habitants mâles de notre royaume flottant. Celle-ci l'a, de suite, compris, car on lui a fait entendre, à cet égard-là, un langage fort clair; et nous ne tardons pas, nous autres gens vertueux — sans trop de mérite, du reste, en pareille occurence — à voir que cette vieille, et, sous tous rapports, très peu séduisante pécheresse, a déjà fait, chez quelques-uns de nos confrères maritimes, de nouvelles conquêtes amoureuses : dues un peu, sans nul doute, à la pénurie, plus ou moins complète, où nous nous trouvions, Dieu merci ! jusqu'à présent, de denrées d'un semblable numéro.

N'apprenons-nous pas, en effet, tout à coup, le jour suivant, que trois d'entre ceux-ci — à savoir : le libre-penseur à tête creuse, dont j'ai précédemment esquissé la silhoutte irritante; un aide-pharmacien de sa connaissance, dont il n'y a rien de particulier à dire; et, même, un brave capitaine d'infanterie de marine, décoré de la Légion d'honneur — viennent d'être, pour deux jours, consignés, par ordre du commandant, dans leurs cabines respectives.

Bon Dieu ! leur crime n'est pas énorme ! Ils ont voulu, les uns et les autres — et, naturellement, le premier ci-dessus désigné, en tête — mordre, sans précautions suffisantes, à cette pomme malsaine, qui leur avait été si effrontément offerte.

Effectivement, la prêtresse cosmopolite de tout à l'heure leur ayant donné, pour les initier à son culte mystérieux, rendez-vous, collectif, dans la cabine où elle avait été, vu la rigueur des temps, forcée de transporter son trépied sacré, ils n'avaient pas fait faute d'y descendre à l'heure préalablement fixée pour la cérémonie en perspective. Seulement tout ce monde, d'officiante inspirée, et de catéchumènes impatients, n'a oublié qu'une chose : à savoir que la cabine susdite n'appartient pas exclusivement à la première ; que celle-ci n'y est même pas seule de son sexe, à ce moment-là ; qu'il y loge, et s'y trouve alors, d'autres dames, de même classe — sinon de même acabit — que l'on a eu le tort de dédaigner entièrement, comme si elles n'existaient pas, et sous le nez desquelles on va, de la sorte, faire passer, sans même leur en offrir, de si friands morceaux !

Alors, indignation, toute naturelle, de ces délaissées ; et cris féroces de l'Innocence effarouchée, que l'on n'attaque pas directement — pas assez, peut-être — mais que l'on offense moralement, de la façon la plus méprisante ! Puis, plaintes furibondes au commandant ; qui, bien que riant intérieurement de la chose, va se voir, pour les principes extérieurs de la discipline du bord, forcé de sévir un peu. Bref, une affaire complètement manquée, faute de soins préalables suffisants ! Et un office interrompu au bon moment ; qui, de cette façon, au lieu des jouissances épicées qu'il leur promettait, va se trouver, pour les infortunés néophytes, remplacé par un internement individuel : d'autant plus insupportable qu'il s'y joint la honte d'avoir vu se borner à une simple reconnaissance des ouvrages de la place, ce qui, dans l'ordre naturel des choses, aurait dû constituer la plus éclatante, comme la plus durable, des victoires.

Assez d'émotions comme cela, vraiment! même pour ceux qui ne les éprouvent qu'indirectement, et en simples spectateurs du balcon ! et tâchons, maintenant que nous avons satiété complète de toutes impressions de voyage, d'arriver enfin — après avoir, bientôt, heureusement dépassé, sur notre droite, le cap africain de *Guardafui* : si tristement célèbre par les naufrages fréquents qui s'y opèrent; et, surtout, par celui, il y a quelques années seulement, d'un paquebot des Messageries maritimes françaises — au but terminal de notre pérégrination lointaine; que nous sommes, tous, de plus en plus impatients d'atteindre.

Pour moi, j'y toucherai plus vite que les autres. Car, comme on le sait, c'est à *Colombo*, dans l'île de Ceylan, que je débarquerai ; pour, de là, parcourir, à mon gré, la terre indienne, tant de ladite île, que de la presqu'île continentale voisine.

9

Et c'est ce qu'effectivement, quelques jours plus tard, je vois enfin se réaliser. Car, le matin du 14 octobre — après huit journées, environ, de navigation depuis Aden — je me réveille, tout à coup, en face d'une terre nouvelle, que l'on m'annonce n'être autre que celle à laquelle j'aspire, ainsi, depuis si longtemps.

J'y suis donc, désormais, parvenu ! Et, dès le début de la seconde partie de ce récit, je m'empresserai — congé préalablement pris de mes camarades, momentanés, du navire que je vais ainsi quitter, et, avant tout, du stoïco-galant capitaine de celui-ci — d'y faire descendre, avec moi, le lecteur ; si, comme je l'espère, il désire prendre, lui aussi, véridique connaissance de la contrée fameuse jusqu'à laquelle il a bien voulu me suivre dans les pages — en quelque sorte simplement introductives — qui précèdent.

FIN DE LA PREMIÈRE PARTIE.

TABLE DES MATIÈRES

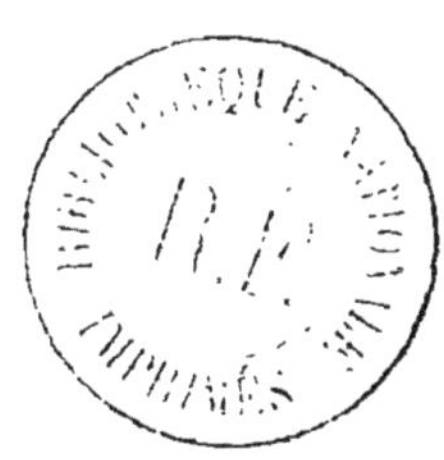

Coutances. — Imp. de Salettes, libraire-éditeur.

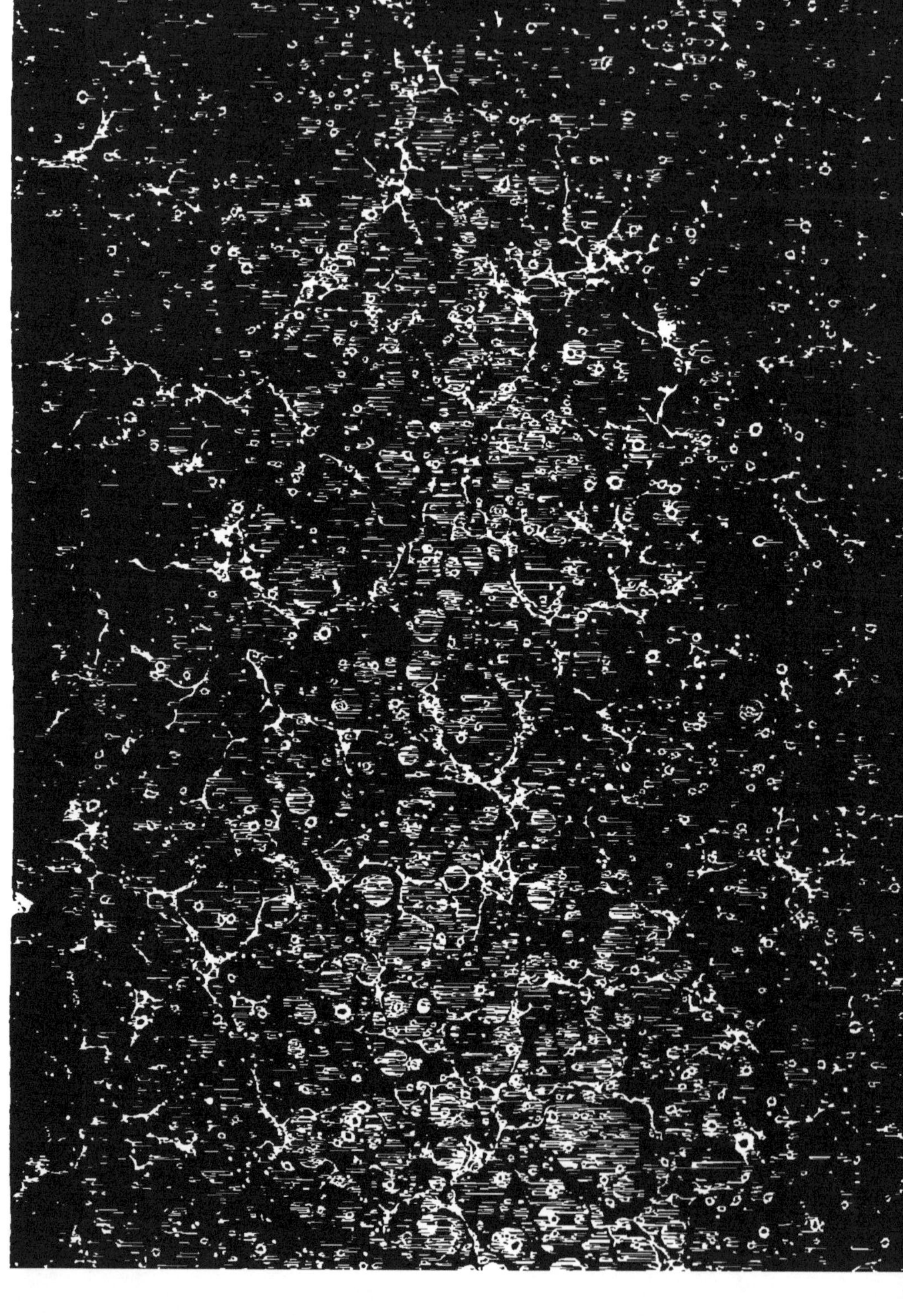

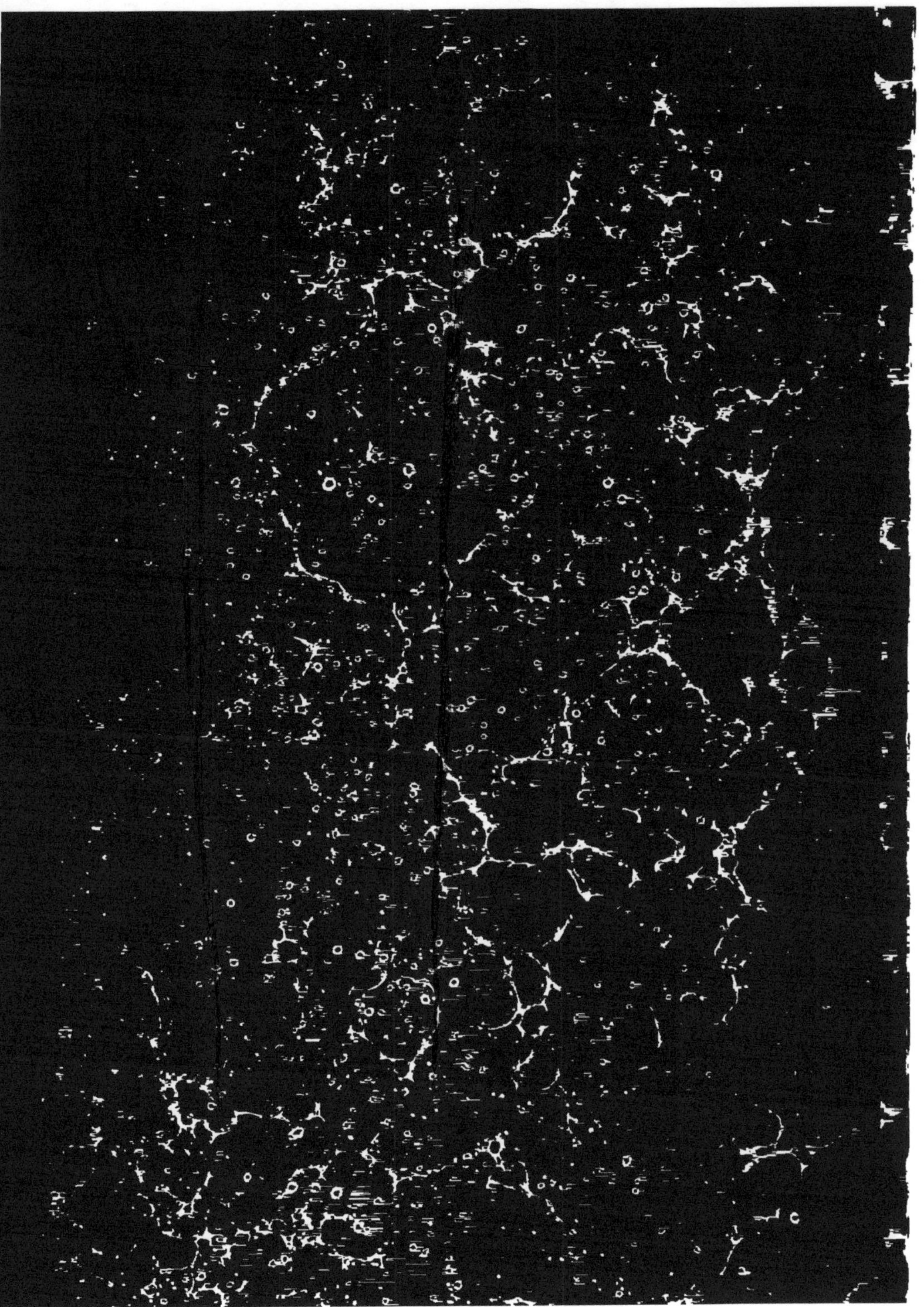

www.ingramcontent.com/pod-product-compliance
Ingram Content Group UK Ltd.
Pitfield, Milton Keynes, MK11 3LW, UK
UKHW021906260726
13966UKWH00006B/971